Sorial Moharib

Produtos naturais para a hipoglicemia

Sorial Moharib

Produtos naturais para a hipoglicemia

Antidiabético, hipoglicémico e antioxidante

ScienciaScripts

Imprint

Cover image: www.ingimage.com

This book is a translation from the original published under ISBN 978-620-7-80934-9.

Publisher:
Sciencia Scripts
is a trademark of
Dodo Books Indian Ocean Ltd. and OmniScriptum S.R.L publishing group

120 High Road, East Finchley, London, N2 9ED, United Kingdom
Str. Armeneasca 28/1, office 1, Chisinau MD-2012, Republic of Moldova, Europe
Printed at: see last page
ISBN: 978-620-7-87395-1

Índice

Resumo

Os alimentos vegetais, como as frutas e os legumes (produtos naturais), conhecidos por melhorarem a saúde humana, contêm dois tipos de compostos que podem ser responsáveis pela mediação destes efeitos na saúde: os polifenóis e os antioxidantes da fibra alimentar. Estes compostos escapam à digestão na parte superior do intestino e persistem até ao intestino grosso humano, onde interagem com as bactérias residentes. As bactérias intestinais, ou microflora, decompõem tanto a fibra alimentar como os polifenóis em blocos de construção mais pequenos que são depois absorvidos e medeiam muitos dos efeitos na saúde observados com os alimentos vegetais integrais. As dietas ricas em frutas e vegetais provaram ser eficazes na redução da incidência da doença aterosclerótica coronária e os cientistas continuam a examinar novos tipos destes produtos naturais. Estudos epidemiológicos demonstraram os efeitos benéficos de dietas ricas em vegetais, frutas e produtos de cereais na redução do risco de doenças cardiovasculares e de certos tipos de cancro. Uma relação inversa entre dietas ricas em fibras e doenças como o cancro, as doenças coronárias, as doenças cardiovasculares, a aterosclerose e a hiperlipidemia. A complexidade e a variedade destes componentes da fibra alimentar podem permitir a manutenção de uma elevada atividade fermentativa ao longo do intestino grosso, o que pode aumentar os seus efeitos benéficos no aumento do peso corporal, no consumo de alimentos, na digestibilidade e nas taxas de crescimento. Os principais constituintes da fibra alimentar ou dos hidratos de carbono não disponíveis são os polissacáridos não amiláceos (PNA), as fracções solúveis ou insolúveis isoladas da fibra alimentar, ou uma mistura de ambas, podem ser utilizadas como agentes hipocolesterolémicos. Os fitoquímicos combinados nos alimentos vegetais têm uma variedade de mecanismos de ação, incluindo efeitos na atividade antioxidante, nos radicais livres e no ciclo celular. No entanto, a grande diversidade e complexidade dos fitoquímicos nos frutos e legumes contribuem para estes efeitos e recomenda-se a ingestão de cinco ou mais porções de frutos e legumes para manter uma saúde óptima. Os polifenóis têm um interesse considerável no domínio da química alimentar, da farmácia e da medicina devido a uma vasta gama de efeitos biológicos favoráveis, incluindo propriedades antioxidantes. Os polifenóis absorvidos podem ligar-se ao LDL plasmático e protegê-lo da oxidação. Estudos recentes correlacionam o aumento dos níveis dietéticos de compostos fenólicos com a redução da mortalidade por doença coronária. Uma associação entre o aumento do consumo de legumes e frutos ricos em antioxidantes e a redução do risco de doenças cardiovasculares. Estudos clínicos e experimentais documentaram os efeitos antidiabéticos e antiateroscleróticos de diferentes plantas. A intervenção dietética é uma das principais terapias propostas no caso da diabetes tipo 2 e, por conseguinte, diferentes substâncias de origem vegetal estão a ganhar importância no tratamento de indivíduos diabéticos e em animais que envolvem ratos diabéticos induzidos por produtos químicos. *A Eruca sativa* possui um potente antioxidante de eliminação de radicais livres e protege contra danos oxidativos aumentando ou mantendo os níveis de moléculas antioxidantes e enzimas antioxidantes.

A diabetes mellitus foi definida como uma doença crónica do metabolismo dos hidratos de carbono, mas o metabolismo dos lípidos e das proteínas também é afetado. Outros autores definiram a diabetes mellitus como uma doença crónica do metabolismo da glicose resultante da disfunção das células beta pancreáticas e da resistência à insulina. A hiperglicemia crónica da diabetes está associada a danos a longo prazo, disfunção e falência de vários órgãos, especialmente os olhos, os rins, os nervos, o coração e os vasos sanguíneos. Utilização atual da fibra alimentar na medicina natural, que inclui a sua utilização para todos os tipos de doenças do fígado e da vesícula biliar, diabetes e doenças com colesterol elevado

A diabetes mellitus (DM) é uma doença metabólica crónica caracterizada por níveis elevados de glicose no sangue e complicações generalizadas. É a maior doença endócrina do mundo associada a um aumento das taxas de morbilidade e mortalidade. A diabetes mellitus foi definida como uma síndrome de metabolismo anormal dos hidratos de carbono, das proteínas e dos lípidos que resulta em hiperglicemia com complicações metabólicas e ortopédicas agudas que afectam muitos órgãos do corpo. A hiperglicemia crónica da diabetes está associada a danos a longo prazo, disfunção e falência de vários órgãos. A diabetes mellitus tipo 2 está associada a um aumento do stress oxidativo.

A fibra alimentar foi definida como os polissacáridos vegetais e a lenhina, que são resistentes à hidrólise pelas enzimas digestivas do homem. A fibra alimentar tem sido um dos interesses alimentares mais duradouros desta década a nível mundial. Trata-se de uma mistura de uma variedade de polissacáridos, celulose, hemiceluloses, pectinas, gomas, mucilagens, polissacáridos de algas e lenhina, que se verificou terem um efeito hipoglicémico. Os principais constituintes da fibra alimentar são os polissacáridos não amiláceos (NSP), que têm acções fisiológicas no trato gastrointestinal e inibem a absorção de glicose e a sua captação, devido ao seu papel de fibras viscosas e fermentáveis no tratamento da diabetes mellitus. A ingestão de fibras vegetais na dieta é atualmente recomendada para reduzir os lípidos plasmáticos em pessoas com hiperlipidemia e melhorar o controlo dos níveis de glicose. A análise química das fibras alimentares secas e moídas revelou a presença de quantidades mais elevadas de polissacáridos totais não amiláceos, contendo celulose, insolúveis e solúveis. A análise química dos polissacáridos totais não amiláceos (solúveis e insolúveis) revelou a presença de quantidades mais elevadas de ácido urónico, bem como de diferentes quantidades de monossacáridos, constituídos principalmente por glucose, galactose, manose, arabinose e xilose. Além disso, os efeitos redutores dos diferentes tipos de fibras alimentares nos lípidos plasmáticos e nos níveis glicémicos. Os efeitos hipoglicémicos e hipolipidémicos das fibras alimentares (calculados como polissacáridos totais não amiláceos) em ratos diabéticos com estreptozotocina (STZ), bem como o teste da função hepática, foram estudados durante um período de 8 semanas. As doses de fibra alimentar também tiveram um efeito de redução nas actividades de ALP, ALT e AST no soro de ratos diabéticos. De acordo com isto, pode concluir-se que a fibra alimentar de produtos naturais tem efeitos hipoglicémicos e hipolipidémicos em ratos diabéticos STZ. Por conseguinte, os polissacáridos vegetais apresentam uma atividade hipoglicémica e hipolipidémica. A maior redução da resposta glicémica a uma refeição de teste foi observada com a fibra solúvel, que aumenta a viscosidade do conteúdo gastrointestinal e, por conseguinte, retarda a taxa de digestão e absorção dos hidratos de carbono. No entanto, a solubilidade da fibra alimentar (NSP) em água e ácidos diluídos é fisiologicamente importante em estudos com animais e humanos. As fibras alimentares ricas em polifenóis associados, incluindo propriedades fisiológicas e capacidade antioxidante, combinadas num único material, têm os efeitos fisiológicos tanto da fibra alimentar como dos antioxidantes. Com base nestes estudos, definimos o novo conceito de fibra alimentar antioxidante, a fim de discriminar os materiais com uma capacidade antioxidante significativa. A fibra alimentar antioxidante pode ser definida como uma fibra que contém quantidades significativas de antioxidantes naturais associados à fibra.

As substâncias antioxidantes que eliminam os radicais livres desempenham um papel importante na prevenção de doenças induzidas por radicais livres. Recentemente, a ingestão de algumas plantas em ratos causou um aumento da atividade das enzimas antioxidantes e do colesterol HDL, mas exibiu uma diminuição do malondialdeído, o que pode reduzir o risco de doença cardíaca. Os principais agentes responsáveis pelos efeitos protectores podem ser a presença de substâncias antioxidantes que exibem os seus efeitos como eliminadores de radicais livres, compostos doadores de hidrogénio, supressores de oxigénio singlete e quelantes de iões metálicos.

Os 4-flavonóides são compostos polifenólicos naturalmente presentes nos vegetais e nos frutos. Foi sugerido que os radicais livres, os peróxidos lipídicos e a oxidação das lipoproteínas de baixa densidade (LDL) desempenham um papel no aumento do risco de doença cardiovascular associado à diabetes mellitus tipo 2. A concentração sanguínea elevada de colesterol, especialmente no LDL, constitui o principal fator de risco para a aterosclerose e a disfunção endotelial. Na diabetes, o metabolismo deficiente da glucose pode levar a um aumento da produção de radicais hidroxilo. Os radicais livres produzidos podem reagir com ácidos gordos polinsaturados nas membranas celulares, levando à peroxidação lipídica. Os radicais livres são moléculas reactivas capazes de existir independentemente, incluindo o óxido de cobre, os radicais hidroxilo e o peróxido de hidrogénio. Sabe-se que os principais factores de risco de doenças cardiovasculares, como a hipercolesterolemia, prejudicam as funções endoteliais através do aumento da produção de radicais livres de oxigénio e, consequentemente, elevam os peróxidos lipídicos e estão envolvidos na aterogénese. Os danos oxidativos das proteínas, do ADN e dos lípidos estão associados a doenças crónicas degenerativas, incluindo a diabetes, as doenças coronárias e o cancro. Assim, um aumento dos antioxidantes, que podem eliminar os radicais livres, pode ser encorajado a prevenir a fase inicial da aterosclerose. Os flavonóides são um grupo de compostos polifenólicos e categorizados em várias subclasses, incluindo flavonas, flavonóis, flavanonas, isoflavanonas, isoflavanóides, antocianidinas e catequinas. Os flavonóides são constituintes essenciais das células de todas as plantas superiores e possuem uma estrutura química ideal para a eliminação dos radicais livres. Os flavonóides, em particular a querstina, são muito presentes nos vegetais e têm sido considerados como os ingredientes activos que protegem contra algumas doenças. Um flavonoide diferente, a querstina, utilizado em doses de 15-50 mg/kg de massa corporal, foi capaz de normalizar o nível de glicose no sangue, aumentar o teor de glicogénio hepático e reduzir significativamente o colesterol sérico e a concentração de LDL em ratos diabéticos. Os flavonóides inibem a oxidação das lipoproteínas de baixa densidade e reduzem a tendência trombótica. Os flavonóides, em particular a querstina, são muito presentes nos vegetais e têm sido considerados como os ingredientes activos que protegem contra as doenças coronárias. Além disso, as experiências apoiam a hipótese de que a fibra alimentar pode ser um fator de proteção contra a doença aterosclerótica (no homem e nos animais), mostrando que certos constituintes da fibra alimentar formadores de gel, especialmente a pectina e a goma guar, causaram uma diminuição significativa da concentração de colesterol no plasma e no fígado. O presente capítulo teve como objetivo investigar as fontes de produtos naturais para as actividades antidiabética, hipolipidémica, hipocolesterolémica e de enzimas antioxidantes em ratos diabéticos induzidos por estreptozotocina. De acordo com estas observações, a utilização de produtos naturais pode ser recomendada como agente de atividade antidiabética, antioxidante e hipolipidémica. Além disso, a maioria dos produtos naturais comumente consumidos pode reduzir o risco de morte por diferentes doenças.

Capítulo 1

Actividades hipoglicémicas e hepatoprotectoras do extrato de coentros (*Coriandrum sativum*) *em* ratos diabéticos induzidos por estreptozotozocina.

Sorial A. Moharib[1] e Remon S. Adly[2]

[1]Instituto de Investigação em Biotecnologia, Centro Nacional de Investigação, Cairo, Egipto.

[2]Faculdade de Medicina, Kasr-El Ainy, Universidade do Cairo, Cairo, Egipto.

Resumo

O presente estudo foi concebido para avaliar o papel dos coentros (*Coriandrum sativum*) no tratamento da diabetes, em vez dos medicamentos fabricados, que conduzem a muitas complicações. As plantas medicinais seriam mais úteis para este fim porque são consideradas eficazes, não tóxicas e mais seguras do que os medicamentos manufacturados. O extrato aquoso de coentros (*C. sativum*) foi utilizado para testar a sua atividade antidiabética e hepatoprotectora em ratos albinos machos diabéticos induzidos por estreptozotozocina (STZ). Os coentros (*C. sativum*) foram administrados aos ratos diabéticos induzidos por STZ a uma concentração de 200 mg/kg de peso corporal em diferentes grupos de três ratos diabéticos, cada um por via oral, uma vez por dia, durante 15 dias. O peso corporal mostrou um aumento significativo após 15 dias de tratamento com o extrato de coentros (*C. sativum*) em comparação com o grupo de ratos de controlo N. O nível de glucose no sangue no 15º dia de tratamento tornou-se significativamente mais baixo. O extrato induziu uma redução significativa da glicose sérica, dos lípidos totais, do colesterol total, do nível de triglicéridos e das actividades das transaminases (AST, ALT e γ-GT). O conteúdo de glicogénio hepático aumentou significativamente nos animais tratados em comparação com o controlo. Estes dados revelaram alterações insignificantes nos níveis séricos de proteínas totais, albumina e globulina durante o período experimental. A peroxidação lipídica determinada por TBARS diminuiu no plasma, fígado e rim dos grupos de ratos STZ/T e T/STZ em comparação com STZ©. A TBARS no coração aumentou no grupo STZ© em comparação com o grupo N., enquanto nos grupos de ratos STZ/T e T/STZ se observou uma maior diminuição. As actividades da glutationa redutase (GSH-R), da glutationa peroxidase (GSH-P) e da superóxido dismutase (SOD) aumentaram no fígado e nos rins dos grupos de ratos T/STZ e T/STZ. Estes resultados demonstram que o extrato de coentros (*C. sativum*) tem um efeito antioxidante para reduzir a peroxidação lipídica no plasma e nos tecidos e melhorar a função hepática e as enzimas antioxidantes nos grupos de ratos T/STZ e T/STZ em comparação com o grupo de ratos de controlo diabético (STZ©). Estas observações revelaram que a utilização do extrato de coentros (*C. sativum*) pode ser recomendada como agente natural antidiabético, antioxidante e com atividade hipolipidémica. Os dados obtidos sugerem o papel benéfico dos coentros (*C. sativum*) como agentes hipoglicémicos e hipolipidémicos e como protetor do fígado contra danos ou lesões. Estes resultados sugerem que o efeito anti-diabético dos coentros (*C. sativum*) pode ser atribuído a um aumento do metabolismo da glucose seguido de um aumento da concentração de insulina no soro. As conclusões do presente estudo sugerem que o extrato aquoso de coentros (*C. sativum*) na dose de 200 mg/kg de peso corporal produz efeitos benéficos significativos em vários parâmetros bioquímicos durante a diabetes e estes efeitos são bastante comparáveis aos do medicamento padrão utilizado para tratar a diabetes mellitus. Além disso, os coentros (*C. sativum*) são alimentos de consumo comum que podem reduzir o risco de morte por diferentes doenças.

Palavras chave: Coentros, Fitoquímicos, Estreptozotozocina (STZ), Antidiabético, Antioxidante, Ratos.

1. INTRODUÇÃO

A diabetes mellitus (DM) é considerada uma das doenças mais metabólicas, associada à disfunção e aos danos de diferentes órgãos, em diferentes áreas do mundo, devido ao metabolismo anormal dos lípidos, das proteínas e dos hidratos de carbono [1], sendo considerada a quinta doença que mais causa mortes em todo o mundo. A DM é uma complicação metabólica aguda que afecta muitos órgãos do corpo e uma complicação vascular crónica. [2] referiu que a DM é a maior doença endócrina do mundo associada a um aumento das taxas de morbilidade e mortalidade. A hiperglicemia crónica da diabetes está associada a disfunção e lesão a longo prazo de vários órgãos [3, 4], referem que o fígado é considerado uma das principais causas de morte na diabetes mellitus e que a taxa de mortalidade por afeção hepática é superior à das complicações cardiovasculares e do carcinoma hepatocelular [3,5]. O fígado é considerado um órgão dependente da insulina e desempenha um papel importante na homeostase da glicose e dos lípidos, na medida em que absorve, oxida e converte os ácidos gordos livres na síntese do colesterol, dos fosfolípidos e dos triglicéridos [6]. A inflamação crónica produzida por processos metabólicos endógenos é considerada a fonte mais importante de radicais livres que reagem com lípidos, proteínas, hidratos de carbono, ADN e danificam todos os tipos de biomoléculas [7, 8, 9]. Outros estudos [10, 11,12], indicaram que a DM tipo 2 estava aumentada com o stress oxidativo, resultando em danos oxidativos nas proteínas, no ADN e nos lípidos associados a doenças crónicas degenerativas, incluindo diabetes, hipertensão, doença coronária e cancro [10,11], referindo que os radicais livres produzidos podem reagir com ácidos gordos polinsaturados nas membranas celulares, levando à peroxidação lipídica [11]. Os radicais livres são moléculas reactivas capazes de existir independentemente e incluem o superóxido, os radicais hidroxilo e o peróxido de hidrogénio [13]. Sabe-se que os principais factores de risco das doenças cardiovasculares e da aterosclerose, como a hipercolesterolemia, prejudicam as funções endoteliais através do aumento da produção de radicais livres de oxigénio, elevando assim os peróxidos lipídicos [10, 14], o que faz com que estes radicais livres iniciem processos envolvidos na aterogénese. Verificou-se que o stress oxidativo está aumentado e associado à diabetes mellitus tipo 2 e às doenças cardiovasculares devido aos radicais livres, aos peróxidos lipídicos e à oxidação das lipoproteínas de baixa densidade (LDL), que se considera terem um papel no aumento do risco de diabetes, na diminuição do metabolismo da glicose e no aumento da produção de radicais hidroxilo, resultando na peroxidação lipídica (15,16). A hiperglicemia e as complicações a longo prazo aumentam o stress oxidativo e as espécies reactivas de oxigénio produzidas pelo processo metabólico responsável pela geração de radicais livres causam perturbações e redução das actividades de defesa antioxidante que afectam o fígado, o coração, os rins, os olhos, os nervos e os vasos sanguíneos [5], sugerindo que a maioria das espécies reactivas de oxigénio são eliminadas pelos sistemas de defesa endógenos [10]. A terapia hipoglicémica oral pode não prevenir as complicações a longo prazo das doenças da diabetes, como a nefropatia [17], as doenças cardiovasculares [18] e outros efeitos secundários [19]. Alguns estudos mostraram que a utilização de agentes antidiabéticos sintéticos produz efeitos secundários a nível do fígado e dos rins [20]. Outros investigadores [21,11] referiram que a intervenção dietética é uma das principais terapias propostas no caso de doentes com diabetes tipo 2, pelo que diferentes substâncias de origem vegetal estão a ganhar importância no tratamento de indivíduos diabéticos e, em animais que envolveram ratos diabéticos induzidos por estreptozotocina [22], verificaram que estas substâncias protegem as ilhotas normais de ratos da STZ, normalizam os níveis de glucose no sangue e promovem a regeneração das células â nas ilhotas de ratos tratados com STZ [23]. Estudos clínicos e experimentais documentaram os efeitos antidiabéticos e antiateroscleróticos do extrato de sementes de plantas [7,24]. A investigação atual concentra-se na análise de novos tipos de produtos naturais que demonstram manter a saúde e reduzir o risco da maioria das doenças crónicas, como as doenças coronárias, o cancro e a diabetes [25]. Outros estudos relataram diferentes actividades biológicas de substâncias isoladas de origem vegetal utilizadas como antidiabéticos [22,26], anti-hipertensivos [27], actividades anticancerígenas [8,9] e efeitos quimiopreventivos do cancro [3] devido aos seus constituintes fitoquímicos de ácidos gordos, flavonóides, fenólicos e polissacarídeos [18,28]. Os fitoquímicos, em particular os polifenóis, têm um interesse considerável no domínio da química alimentar, da farmácia e da medicina devido aos seus efeitos biológicos, incluindo as propriedades antioxidantes [29,30], que indicam que estes polifenóis podem ser encontrados livres ou ligados a proteínas ou a paredes celulares de plantas e podem ligar-se ao LDL plasmático e protegê-lo da oxidação [14]. 16Bagri et al.[16] referiram que os alimentos vegetais têm diferentes actividades antioxidantes, como a eliminação de radicais livres e o ciclo celular do peróxido lipídico. Outros investigadores [17] referiram que a suplementação da terapêutica com antioxidantes tem um papel quimioprotector e actua na prevenção da diabetes [18]. Um aumento dos materiais antioxidantes pode eliminar os radicais livres, prevenindo a aterosclerose e as doenças cardíacas [10,31]. As plantas têm sido antigamente muito utilizadas para o tratamento da diabetes mellitus (32,33), o que evidencia que a intervenção dietética é uma das principais terapias dos doentes com diabetes tipo 2 ou dos ratos diabéticos induzidos por estreptozotocina. As substâncias de origem vegetal podem modular a regulação fisiológica que atrasa ou previne as complicações a longo prazo da diabetes, bem como reduzir os níveis de glucose no sangue [34,35]. Muitos extractos de plantas e os seus constituintes têm actividades antioxidantes e foram utilizados para o tratamento de muitos tipos de doenças humanas, incluindo a DM [33,36]. Outros investigadores relataram que algumas plantas têm sido utilizadas numa grande variedade de doenças hepáticas, modulam o stress oxidativo devido às suas propriedades antioxidantes [30] e outras actividades biológicas, incluindo efeitos anticarcinogénicos, antifúngicos, antibacterianos e antioxidantes [37]. Recentemente, há um interesse concentrado de estudos em todo o mundo para identificar compostos antioxidantes naturais que têm eficácia farmacológica com baixo ou nenhum efeito colateral para uso na indústria de alimentos e medicina preventiva [11, 37]. 36Alam et al. (2019) indicaram que a Eruca sativa possuía um potente antioxidante natural de eliminação de radicais livres e protegia contra danos oxidativos, aumentando ou mantendo os níveis de moléculas antioxidantes e atividades enzimáticas antioxidantes. O polissacárido isolado de *Portulaca oleracea* previne a inflamação vascular, a hiperglicemia e a disfunção endotelial diabética em ratos diabéticos de tipo II, indicando um efeito protetor contra a diabetes e as complicações vasculares [38]. Outros estudos comprovam a segurança e o baixo custo dos produtos naturais que possuem atividade antioxidante sem efeitos secundários utilizados no tratamento da diabetes [7]. Outros estudos demonstraram que as plantas que contêm substâncias antioxidantes eliminam os radicais livres e desempenham um papel importante na prevenção de doenças induzidas por radicais livres [39], aumentam a atividade das enzimas antioxidantes e o colesterol HDL, reduzindo o risco de doenças cardíacas [40, 41]. O aumento dos antioxidantes pode eliminar os radicais livres e prevenir a aterosclerose e a carcinogénese [10,14]. Os compostos polifenólicos aumentam a estabilidade da lipoproteína de baixa densidade (LDL) à oxidação, que desempenha um papel significativo na aterosclerose e na doença coronária. Vários estudos demonstram que o mecanismo de ação da atividade antioxidante de fracções ricas em flavonóides de diferentes fontes tem actividades hipolipidémicas [7] e hipoglicémicas [7,42]. Os compostos fenólicos têm uma função potencial de antioxidantes, eliminando o anião superóxido, o oxigénio singlete [43] e estabilizando os radicais livres envolvidos nos processos oxidativos devido à presença de grupos hidroxilo e estruturas anelares [44,45] utilizados para vários fins curativos nos cuidados de saúde para prevenir o cancro, as doenças cardiovasculares e regular o metabolismo dos lípidos e dos hidratos de carbono em ratos diabéticos induzidos por aloxano [46,47]. A maioria dos estudos demonstrou os efeitos benéficos de dietas ricas em vegetais, frutos e produtos derivados de cereais na redução do risco de doenças cardiovasculares e de certos tipos de cancro [17,31] correlacionam o aumento dos níveis de compostos fenólicos nos alimentos com a redução da mortalidade por doença coronária, indicando uma associação entre o aumento do consumo de vegetais e frutos ricos em compostos antioxidantes e a redução do risco de doenças cardiovasculares. Os flavonóides são considerados um dos principais grupos de compostos polifenólicos [37], que são constituintes essenciais das células das plantas superiores e possuem uma estrutura química adequada para eliminar os radicais livres [48]. A elevada ocorrência de flavonóides em frutos e legumes é utilizada para proteção contra doenças coronárias [49, 50,51]. Zapolska-Downar et al [31] descobriram que uma dose de 15 a 50 mg/kg de massa corporal de querstina é capaz de normalizar o nível de glicose no sangue, aumentar o teor de glicogénio no fígado e reduzir as concentrações de colesterol e LDL em ratos diabéticos com aloxano. De um modo geral, os antioxidantes têm sido identificados como os principais compostos benéficos para a saúde provenientes de variedades de plantas medicinais e são fontes de medicina alternativa. Assim, os principais agentes responsáveis pelos efeitos protectores podem ser a presença de substâncias antioxidantes que exibem os seus efeitos como eliminadores de radicais livres e compostos doadores de hidrogénio [43,4450,]. O presente estudo foi concebido para investigar o extrato de folhas de coentros (*Coriandrum sativum*) para efeitos hipoglicémicos e hepatoprotectores e melhorar as enzimas antioxidantes em ratos albinos machos diabéticos induzidos por estreptozotocina.

2. MATERIAIS E MÉTODOS

2.1. Materiais

a- Uma planta inteira de coentros frescos (*Coriandrum sativum*) foi lavada com água da torneira seguida de água destilada e cortada em pequenos pedaços.

b- A estreptozotocina (STZ) utilizada como agente diabetogénico e todos os outros produtos químicos utilizados foram adquiridos à Sigma Chemical Company (EUA).

c- Vinte e oito ratos albinos machos (*Rattus norvgicus*) foram adquiridos a Biological Products of National Research Center, Cairo, Egipto. Após duas semanas de aclimatação, os ratos foram divididos em quatro grupos, com 7 ratos cada, com base no seu peso corporal, alojados em gaiolas de tela metálica.

2.2. Métodos

2.2.1. Preparação do extrato

Um peso conhecido de coentros frescos (*Coriandrum sativum*) foi triturado num triturador de alimentos (picador) e misturado bem com água quente (1:1 V/V) duas vezes utilizando um homogeneizador durante 5 min. O homogenato foi filtrado através de um pano de algodão e de papel de filtro Whatman n.º 1. O filtrado obtido foi utilizado para a determinação de fenólicos totais, flavonóides e ácidos gordos e utilizado para administração oral a ratos diabéticos [28]. O resíduo sólido foi seco e armazenado em exsicadores até ser utilizado.

2.2.2. Métodos analíticos

A concentração de proteínas foi medida de acordo com o método de Lowry et al. [52], utilizando albumina de soro bovino como padrão. Os lípidos foram extraídos com uma mistura de clorofórmio e metanol (2:1 V/V), de acordo com o método descrito por Folch et al. [53]. O valor total de hidratos de carbono foi também estimado [54]. As cinzas foram quantificadas gravimetricamente após incineração num forno de mufla a 550 °C. Os fenólicos e os flavonóides foram extraídos com metanol a 80 %, num banho de ultra-sons durante 20 minutos e centrifugados durante 5 minutos a 15000 rpm [55]. [O conteúdo fenólico total (TPC) foi estimado [56,57]. O conteúdo total de flavonóides (TFC) foi estimado espectrofotometricamente [58]. Os flavonóides foram identificados utilizando apigenina, quercetina e catequina como padrão [59,60]. A atividade inibidora da peroxidação lipídica foi determinada [61], comparando os resultados com a quercetina padrão.

2.2.3. Indução do animal **de laboratório**

A injeção intraperitoneal de estreptozotocina (60 mg/kg de peso corporal) exerce uma toxicidade direta e provoca uma hiperglicemia permanente em 48 - 72 horas [16]. Uma solução recentemente preparada de estreptozotocina (60 mg/kg) dissolvida em tampão citrato 0,1 mol/L, pH 4,5, foi injectada intraperitonealmente em ratos num volume de 1 ml/kg. Após 72 horas de administração de estreptozotozocina (STZ) (ratos diabéticos com estreptozotozocina), foi obtido sangue e medida a glucose plasmática de todos os grupos. A diabetes foi confirmada pela determinação da concentração de glucose em jejum no terceiro dia após a administração de estreptozotocina (STZ). Os ratos com um nível de glucose no plasma superior a 300 mg/dl foram considerados ratos diabéticos com STZ (hiperglicemia). Todos os grupos de ratos normais e de ratos diabéticos com STZ (ratos hiperglicémicos) foram considerados para a presente experiência. Após 45 dias de experiências, foram registados os pesos corporais inicial e final.

Vinte e oito ratos albinos machos (*Rattus norvgicus*), com um peso de cerca de 160,40±1,40, foram adquiridos à Biological Products of National Research Center, Cairo, Egipto. Os ratos foram alimentados com uma dieta comercial normal em pellets e receberam água ad libitum. Após duas semanas de aclimatação, os ratos foram divididos em quatro grupos, com 7 ratos cada, com base no seu peso corporal, alojados em gaiolas de tela metálica. O primeiro grupo foi utilizado como grupo de ratos normais (N) e recebeu água destilada diariamente. O segundo e o terceiro grupos foram injectados intraperitonealmente com STZ (60 mg/kg de peso corporal), o segundo grupo manteve-se sem qualquer tratamento durante o período experimental (30 dias), tendo-lhes sido dada apenas água destilada e utilizado como ratos de controlo diabéticos com STZ (STZ), O terceiro grupo diabético com STZ (STZ) foi tratado oralmente com extrato (200 mg/kg de peso corporal) durante 30 dias (STZ/T) e o quarto grupo (T/STZ) foi tratado oralmente com extrato de coentros (*C. sativum*) diariamente durante 15 dias, uma vez por dia [62] e, em seguida, foram injectados intraperitonealmente com STZ (60 mg/kg). Após 45 dias, a comida foi retirada e os ratos foram anestesiados e o seu coração, rim e fígado foram imediatamente retirados e pesados.

2.2.4. Digestibilidade das proteínas e dos lípidos

Durante o período de alimentação (6 semanas), as fezes dos ratos foram recolhidas e secas numa estufa a 105°C, recolhidas, pesadas e testadas. O ganho de peso e a ingestão de alimentos também foram calculados [7,30].

2.2.5. Amostras de sangue e de tecidos

Ao fim de 6 semanas, e após um jejum noturno, sete ratos de cada grupo foram anestesiados com nesdonal de sódio (60 mg/kg de peso corporal). As amostras de sangue foram colhidas utilizando tubos capilares do plexo venoso retro-orbital dos ratos e o plasma foi obtido por centrifugação a 10000g durante 20 min utilizando uma centrífuga de arrefecimento (Sigma 2K15) e utilizado para a estimativa da glucose e de diferentes parâmetros. As amostras de plasma armazenadas a - 60ºC foram analisadas quanto à presença de glutatião (GSH) e às actividades da glutatião-S-transferase (GSH-T), glutatião peroxidase (GSH-P), glutatião redutase (GSH-R), superóxido dismutase (SOD) e substâncias reactivas ao ácido tiobarbitúrico (TBARS). Os tecidos do fígado, dos rins e do coração foram imediatamente removidos, pesados e lavados com solução salina (0,9%) e armazenados a -70°C até serem utilizados. Os tecidos foram picados e homogeneizados (10 % W/V) separadamente com tampão de fosfato de sódio e potássio frio (0,01 M, pH 7,4) utilizando um homogeneizador (Mechanika precyzyjna warszawa modelo MPW-309, Polónia). Os homogenatos foram centrifugados a 10000g durante 20 minutos a 4ºC e os sobrenadantes resultantes foram utilizados para estimar as actividades das enzimas antioxidantes e os níveis de TBARS (como marcador da peroxidação lipídica).

2.2.6. Ensaios bioquímicos

O nível de glucose no sangue foi estimado de acordo com o método de Trinder [63]. A concentração de proteínas foi medida como anteriormente [52]. O nível de albumina sérica foi medido de acordo com o método de Doumas et al., [64]. A globulina foi calculada subtraindo a albumina da proteína total. Os lípidos totais (LT) foram avaliados pelo método de Knight et al. [65] e o colesterol total (CT) pelo método de Trinder [66]. Os níveis de colesterol de lipoproteínas de alta densidade (HDL-C), colesterol de lipoproteínas de baixa densidade (LDL-C) e triacilgliceróis (TAG) também foram estimados [67,68]. As VLDL do plasma foram isoladas por precipitação com MgCl2 e fosfotungstato (Sigma Chemical Company), de acordo com o método de Burstein et al. [69]. O colesterol das lipoproteínas de densidade muito baixa (VLDL-C) foi determinado por um método enzimático utilizando o kit Biodiagnostic [67]. As actividades da fosfatase alcalina (ALP), da alanina amionotransferase (ALT) e da aspartato amino transferase (AST) foram medidas de acordo com o método de Reitman e Frankel [70]. A γ-Glutamil Transpeptidase (GGT) foi também determinada

[71]. Foi avaliada a atividade da glutationa S-transferase (EC 2.5.1.18) e da glutationa peroxidase (EC1.11.1.9) no plasma e em homogenatos de tecidos do fígado, rins e coração [72]. A atividade da superóxido dismutase (EC 1.15.1.1) foi medida pelo procedimento de oxidação do NADH, tal como descrito por Elstner et al. [73]. A atividade da glutatião redutase (EC 1.6.4.2) foi avaliada utilizando o método de Goldberg e Spooner [74]. A peroxidação lipídica (LP) foi estimada através da medição das concentrações de substâncias reactivas ao ácido tiobarbitúrico (TBARS) utilizando o malondialdeído (Sigma com.) como padrão, de acordo com os métodos de Quintanilha et al. [75] e Esterbauer e Cheeseman [76]. O teor de glicogénio foi determinado pelo método da antrona, tal como descrito por Carrol et al. [77]. Uma unidade de enzima foi definida como a quantidade de GST necessária para catalisar a formação de 1 nmol de tioéster/min e a atividade específica é expressa em nmole/min/mg de tecidos ou nmol/min/ml de plasma.

2.2.7. Análise estatística

Os dados obtidos para vários parâmetros bioquímicos foram analisados estatisticamente utilizando o teste t de Student [78]. Os resultados foram expressos como valor médio ± SE e uma diferença de $P < 0,05$ e $P < 0,01$ foi considerada significativa (*) e mais significativa (**).
significativo a $p < 0,05$ e alto significativo a $p < 0,01$.

3. RESULTADOS E DISCUSSÃO

3.1. Análise química do extrato de coentros (*C. sativum*)

As plantas que são consideradas parte da cultura humana, utilizadas pelos povos antigos como alimento ou medicamento [79], evidenciam a sua qualidade nutricional e saúde. Os coentros são reconhecidos como uma das especiarias mais importantes do mundo e têm grande importância no comércio internacional. Os coentros (*C. sativum*) têm sido utilizados pelos povos antigos em várias regiões de todo o mundo. Os coentros (*C. sativum*) eram utilizados nas indústrias alimentar e médica por serem considerados não tóxicos e terem atividade biológica no tratamento da maioria das doenças [80,82], tendo sido relatadas diferentes partes da planta que têm sido comuns entre as pessoas e a indústria farmacêutica. A investigação atual concentra-se fortemente no desenvolvimento de novos fármacos antidiabéticos e anticancerígenos [37,81,82]; referiram que certos materiais vegetais podem ser úteis como agentes quimiopreventivos [83]. Investigações epidemiológicas indicaram que certos compostos vegetais fornecem um meio de quimioprevenção devido aos constituintes fitoquímicos. Além disso, os remédios tradicionais à base de plantas têm sido utilizados durante séculos no tratamento da diabetes [30,84], mas apenas alguns foram avaliados cientificamente. Foram registados tratamentos da diabetes mellitus (DM) utilizando diferentes plantas tradicionais como a cebola [85,86]. As folhas são utilizadas como agente antidiabético [87]. O extrato aquoso de folhas de *Morusalba* foi descrito como agente hipoglicémico e hipolepidémico [88]. O extrato de coentros (*C. sativum*) contém quantidades adequadas de hidratos de carbono (56,24±1,80 g%), proteínas (14,40±0,60%), lípidos (12,10±0,20 g%) e polifenóis (4,02±0,01 g%). Os níveis de conteúdo fenólico e flavonoide foram 2,80±0,01 e 0,80±0,001 g/100g, respetivamente (Tabela 1). Estes resultados são semelhantes aos relatados por Sohail et al.[82]

QUADRO 1- Composição química do extrato de coentros (*C. sativum*).

Componentes	Peso seco (g/100g)
Proteína	14.40±0.60
Lípidos	12.10±0.20
Cinzas	9.20±0.40
Hidratos de carbono totais	56.24±1.40
Polifenóis totais	4.02±0.01
Fenol total	2.80±0.01
Total de flvonoides	0.80±0.001

Média de cinco amostras (Média ±SE).

Estes resultados estão de acordo com os relatados por outros investigadores [30,89]. Foi relatado que os compostos polifenólicos exercem um efeito inibitório na taxa de crescimento, diminuindo a digestibilidade das proteínas. Os polifenóis e os flavonóides são constituintes vegetais muito importantes devido à sua atividade antioxidante [86,90]. A atividade antioxidante dos compostos fenólicos deve-se principalmente às suas propriedades que desempenham um papel importante como eliminadores de radicais livres, agentes redutores e complexos de metais pró-oxidantes [91]. Nesta experiência, a ingestão de extrato de coentros (*C. sativum*) rico em compostos polifenólicos afectou significativamente o ganho de peso corporal. Outros investigadores obtiveram resultados semelhantes utilizando diferentes plantas [80,81]. A análise cromatográfica revelou que existem diferentes valores de flavonóides individuais (quercetina > apigenina > catequina) no extrato de coentros (*C. sativum*). Resultados semelhantes foram obtidos por outros investigadores [37,82,92]. O resultado obtido a partir da estimativa dos teores totais de polifenóis e flavonóides mostrou que a água é o melhor solvente para a extração de fenóis e flavonóides. Estes resultados estão de acordo com o estudo de Tsao e Deng [93], que mostrou que os fenólicos e os flavonóides são geralmente melhor extraídos utilizando água ou uma mistura de água e álcoois. Os lípidos foram analisados para determinar a composição dos ácidos gordos utilizando a cromatografia líquida em fase gasosa. Os resultados mostraram que os coentros (*C. sativum*) têm ácidos gordos insaturados e saturados (14,20 % e 85,80 %, respetivamente). As percentagens de ácidos gordos monoinsaturados e de ácidos gordos polinsaturados foram de 26,60 % e 59,20 %, respetivamente. Estes resultados estão de acordo com os relatados por 81Sriti et al. [80,81] e Moharib e Tadrus]94[que relataram que o extrato de plantas da família dos coentros e Apiaceae variava entre 0,30 e 82 %. Os resultados são consistentes com os relatados por Jukanti et al. [79] que encontraram quantidades baixas no grão-de-bico (4,50 - 6,00g óleo/100g). Os constituintes dos ácidos gordos polinsaturados dos coentros (*C. sativum*) são mais elevados do que os dos ácidos gordos saturados, o que mostra a predominância de ácidos gordos polinsaturados em relação aos saturados nas presentes amostras. Estes resultados estão de acordo com os obtidos por outros investigadores [37,95] que verificaram que os constituintes poli-insaturados eram predominantes em relação aos constituintes saturados dos extractos de perilla. Daniewski et al. [96] relataram que o valor mais elevado de ácidos gordos polinsaturados em relação aos saturados foi encontrado no extrato de cártamo. Foram obtidos resultados semelhantes com outros investigadores [79,94] que encontraram um teor de ácidos gordos saturados entre 6,90 % e 9,20 % [80,83]. No entanto, os ácidos gordos polinsaturados desempenham um papel importante na regulação das funções biológicas. Bachir e Bellil [97] e Shyamapada e Manisha [98] relataram que as plantas que contêm fitoquímicos podem ser utilizadas em estratégias preventivas para reduzir o risco da maioria das doenças, incluindo o cancro (99Dharmalingam e Nazni 2013). Diferentes tipos de plantas possuem substâncias antioxidantes capazes de eliminar os radicais superóxidos livres, protegendo os sistemas biológicos contra os efeitos nocivos dos processos oxidativos nas macromoléculas [12,36]. Um estudo recente demonstrou que a ingestão de alguns extractos melhora alguns parâmetros bioquímicos do stress oxidativo e reduz o risco de algumas doenças [37,44]. Os componentes das plantas podem ser considerados moléculas bioactivas na medicina, tendo sido demonstrado que têm efeitos quimiopreventivos [82,83]. Verificou-se que os compostos derivados de plantas são utilizados no tratamento da diabetes [51,82,98], das doenças cardiovasculares [7,17] e de outras doenças diversas [100].

A estreptozotocina (STZ) é conhecida pela sua toxicidade celular e tem sido amplamente utilizada na indução da diabetes mellitus em animais. A STZ induziu hiperglicemia no modelo utilizado [101]. A STZ induz hiperglicemia em animais experimentais e é utilizada para induzir diabetes em ratos [102]. A injeção intraperitoneal de STZ aumentou gradualmente o nível de glucose no plasma até atingir o seu nível máximo no prazo de 14 dias. O flavonoide manteve significativamente o nível de glucose no sangue e antagonizou o efeito da STZ na diabetes militus. Os diabéticos e os modelos animais experimentais apresentam um elevado stress oxidativo devido à hiperglicemia persistente e crónica, o que esgota a atividade do sistema de defesa antioxidante, promovendo assim a geração de novos radicais livres [28,30,103]. No presente estudo, a STZ foi associada não só à hiperglicemia, mas também a uma baixa atividade das enzimas antioxidantes [17]. Sharma ey al. [90] descobriram que o fármaco antioxidante natural utilizado para proteção contra danos mediados por oxigénio reativo reduz a hiperglicemia na diabetes militus induzida por STZ. A administração oral de extrato de planta reduziu acentuadamente o nível de açúcar no sangue de ratos normais, hiperglicémicos alimentados com glucose e diabéticos induzidos por estreptozotocina quando comparados com animais de controlo [30,103]. Uma administração oral única do extrato aquoso das partes ariais de *Eqisetum myrio -haetum nas* doses de 7 e 13 mg/kg e do extrato butanólico nas doses de 8 e 16 mg/kg em ratos diabéticos induzidos por estreptozotocina [5182,104]. Um flavonoide diferente, utilizado em doses de 15-50 mg/kg de massa corporal, foi capaz de normalizar o nível de glicose no sangue, aumentar o conteúdo de glicogénio hepático e reduzir significativamente o colesterol sérico e a concentração de LDL em ratos diabéticos com STZ [16,32]. No entanto, não foi possível demonstrar os efeitos benéficos dos flavonóides sobre os níveis de adutos de ADN, os danos oxidativos no ADN e as aberrações cromossómicas no ser humano. A administração de algumas plantas diminuiu significativamente a hiperglicemia em ratos ligeiramente diabéticos [44,90,98]. Outros estudos relataram que dez por cento produziram uma diminuição significativa dos níveis de glucose no plasma em ratos normais e ratos diabéticos induzidos por estreptozotocina quando administrados por injeção intraperitoneal ou tubo gástrico [4,12,18]. No entanto, os investigadores realizados nas últimas décadas mostraram que as plantas e as terapias à base de plantas têm um potencial para controlar e tratar a diabetes e as suas complicações [82,103]. O presente estudo foi realizado para determinar o efeito da dose de extrato de coentros (*Coriandrum sativum*) na concentração de antioxidantes e de glicose no sangue em ratos diabéticos induzidos por STZ.

3.2. Peso corporal

Em geral, a diabetes caracteriza-se pela perda de peso, o que se verificou no presente estudo. A administração de estreptozotocina (STZ) provocou uma redução acentuada do peso corporal dos ratos e esta redução foi considerada estatisticamente significativa quando comparada com o grupo de ratos normais (N). Verificou-se que estes pesos corporais reduzidos aumentaram quando comparados com o respetivo grupo de controlo diabético (STZ©) e este aumento foi considerado estatisticamente significativo nos ratos tratados com extrato de coentros (*Coriandrum sativum*) (Quadro 2). No entanto, o extrato de coentros (*Coriandrum sativum*) parece ser mais eficaz na manutenção do peso corporal.

TABELA 2- Peso corporal, ganho de peso corporal e pesos dos órgãos dos ratos experimentais.

(Valores médios para 7 ratos/ cada 2 semanas/ grupo).

Parâmetros	Grupos experimentais			
	N	STZ ©	STZ / T	T / STZ
Peso corporal (g)	210.60±2.20	180.80±4.20**	190.50±3.20*	196.80±2.40*
Ganho de peso (g)	50.20±0.20	20.40±0.80**	40.10±0.60**	44.40±.40**
Peso do fígado (g)	10.20±1.20	8.60±0.80	9.02±0.86	9.40±0.84
Peso dos rins (g)	1.60±0.04	1.34±0.06	1.50±0.02	1.58±0.20
Peso do coração (g)	0.90±0.01	0.84±0.02	0.86±0.01	0.88±0.01

* Significativo (P< 0,05) ** Mais significativo (P< 0,01)

Os resultados da Tabela (2) mostram que o peso corporal e o ganho de peso corporal foram significativamente inferiores nos ratos tratados em comparação com o grupo de ratos normais (N), conforme indicado na Tabela 3. Pode observar-se que a STZ diminuiu significativamente o ganho de peso (20,40±1,20) do que o dos grupos de ratos N (50,20±2,10). Os valores do peso corporal nos ratos que receberam a dose de extrato de coentros (*Coriandrum sativum*) também foram inferiores aos do grupo de ratos N, mas aumentaram significativamente em comparação com os do grupo STZ © [7,37].Estes resultados são consistentes com outros estudos [30,35], que sugeriram anteriormente que os resíduos de tâmaras, a beterraba sacarina e a celulose tinham efeitos de redução na taxa de crescimento dos ratos. Pode concluir-se que estas diferenças estão definitivamente relacionadas com a presença de diferentes tipos e constituintes de compostos fitoquímicos na dose de extrato de coentros (*Coriandrum sativum*) [82,94]. No entanto, foi relatado que os compostos polifenólicos exercem um efeito inibitório no crescimento, diminuindo a digestibilidade das proteínas [17,89]. O extrato de coentros (*C. sativum*) não causou qualquer alteração significativa no peso dos órgãos dos grupos de ratos tratados em comparação com o grupo de controlo N. No entanto, o tratamento com extrato de coentros (*C. sativum*) resultou em tratamento e proteção contra a redução do peso corporal induzida pela STZ (Tabela 2). A diminuição do peso corporal devido à STZ observada no presente estudo foi anteriormente referida por [7,14,26]. A perda de peso dos animais tratados com STZ pode dever-se, pelo menos parcialmente, à toxicidade do fármaco, que acelera a eliminação de água na urina. Além disso, a perda de peso induzida pela STZ pode dever-se à toxicidade gastrointestinal e, por conseguinte, à redução da ingestão de alimentos [4,9,33]. A nefrotoxicidade induzida pela STZ no presente estudo é estabelecida por uma série de observações e o aumento do peso relativo dos rins é uma dessas observações. Assim, no presente estudo, os resultados sugerem que o extrato de coentros (*Coriandrum sativum*) é biodisponível e possui um potencial significativo para prevenir a toxicidade induzida pela STZ e a perda de peso.

3.3. Digestibilidade das proteínas e dos lípidos

A digestibilidade das proteínas e dos lípidos foi reduzida em 14% e 19%, respetivamente (Figura 1), no grupo de ratos STZ ©, em comparação com os do grupo de ratos normais (N). Os grupos de ratos que receberam extrato de coentros (*Coriandrum sativum*) (STZ/T e T /STZ) apresentaram um aumento significativo mais elevado da digestibilidade das proteínas e dos lípidos (96,80±0,20, 92,40±0,42 e 94,40±0,20, 94,20±0,40, respetivamente) em comparação com os do grupo STZ ©, mas inferior ao do grupo de ratos normais (98,20±0,40 e 96,80±0,44, respetivamente). Estes resultados mostraram que o consumo de proteínas e lípidos foi semelhante em todos os grupos de ratos, ao passo que os teores fecais de proteínas e lípidos aumentaram 14% e 29%, respetivamente, nos ratos que receberam extrato de coentros (*Coriandrum sativum*) em comparação com os ratos com STZ ©. Os resultados actuais estão de acordo com os relatados por outros trabalhadores [30,34]. Outros trabalhadores registaram resultados semelhantes [96,92,82,89].

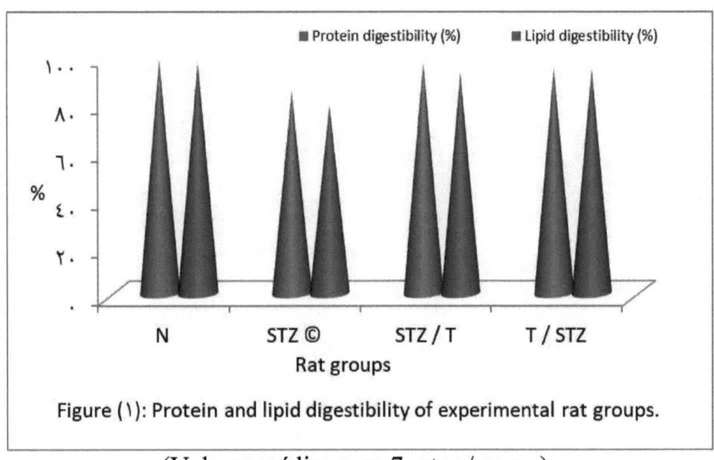

Figure (١): Protein and lipid digestibility of experimental rat groups.

(Valores médios para 7 ratos / grupo).
* Significativo (P< 0,05) ** Mais significativo (P< 0,01)

3.4. Parâmetros sanguíneos

A estreptozotocina (STZ) provoca a destruição das células do pâncreas e o aumento dos níveis de glucose no sangue. É evidente a partir da presente investigação que a administração de STZ na dose de 60 mg/kg de peso corporal causa diabetes em ratos albinos machos. Os níveis de glucose nos ratos diabéticos com STZ© aumentaram mais de 3 vezes (372,6 ±4,20) em comparação com os ratos N (120,60 ±2,10) no 3.º dia. Curiosamente, verificou-se que o aumento dos níveis de glucose nos grupos diabéticos era significativamente mais elevado do que no grupo de ratos N (Figura 2). Estes níveis elevados de glicose no sangue nos ratos diabéticos diminuíram significativamente após a administração oral do extrato de coentros (*C. sativum*). Verificou-se que os níveis de glicose no sangue diminuíram de 367,60 ±4,20 para 131,80±2,13 e 122,20±1,80 mg/dl após a administração oral de extrato de coentros (*C. sativum*) no grupo tratado (STZ/T e T/STZ respetivamente) em comparação com os dos ratos diabéticos (STZ ©). O tratamento com o extrato de coentros (*C. sativum*) também diminuiu os níveis de glicose no sangue de 367,60 ±4,20 mg/dl para 122,20±1,80 mg/dl. Este declínio nos níveis de glucose no sangue dos grupos tratados em comparação com os respectivos diabéticos (STZ ©) foi considerado estatisticamente mais significativo [4,18,33]. A redução do nível de glucose após a administração de coentros (*C. sativum*) foi de 66,80%. Estes resultados são atribuídos à presença de quantidades adequadas de polifenol e flavonoide (5,92±0,10 e 0,58±0,20g/100g, respetivamente) no extrato de coentros (*C. sativum*) (Figura 2). Observou-se uma diminuição significativa da concentração de glucose plasmática após a administração de diferentes doses de extrato aquoso e alcoólico de diferentes plantas [30,33], demonstrou-se que o extrato aquoso contém cerca de 50 mg/100g de flavonóides e possui atividade anti-hiperglicémica [16,51] e provou-se o efeito estimulador da insulina de *Punica granatum* e *Syzygium alternifolium a* partir de células β existentes em ratos diabéticos [8,9,82]. Os resultados mostraram que o extrato de coentros (*C. sativum*), que contém cerca de 0,80 g/100g de flavonóides e 4,02g/100g de polifenóis, possui atividade anti-hiperglicémica [9,12,51]. Por conseguinte, provou ser altamente eficaz para causar uma resposta anti-hiperglicémica significativa em ratos. A administração oral de extrato aquoso de *Balanites aegyptiaca* durante 30 dias a ratos diabéticos senis normais induziu uma diminuição altamente significativa do nível de glicose sérica em comparação com o grupo de controlo normal (N), tal como os presentes resultados (Figura 2). A administração oral dos extractos de *Retama raetam* e *Melastoma malabathricum* nos níveis de glicose no sangue, tanto em ratos normais como em ratos diabéticos com estreptozotocina (STZ), levou a uma diminuição significativa do nível de glicose no sangue [22, 39,90]. É evidente a partir destes resultados que a redução dos níveis de glicose provocada pelo extrato aquoso de coentros (*C. sativum*) é comparável à redução provocada por outras plantas diferentes. O extrato administrado de *Swertia corymbosa* produziu uma redução significativa do nível de glicose no soro [9,14,26], tendo sido referido que o extrato de *Swertia corymbosa* induziu uma estimulação da libertação de insulina nas ilhotas e potenciou a estimulação da glicose para a secreção de insulina. Outros investigadores [16,18] sugeriram que a atividade hipoglicémica do extrato aquoso pode ser geralmente mediada através da melhoria do metabolismo periférico da glicose e de um aumento da libertação de insulina. A atividade hipoglicémica pode ser devida ao efeito do extrato na redução intestinal da absorção de glicose. Além disso, a administração oral de extrato aquoso e etanólico (50% V/V) de Punica granatum conduziu a um efeito significativo de redução da glicose no sangue em ratos normais, hiperglicémicos alimentados com glicose e diabéticos induzidos por aloxana [12,33].

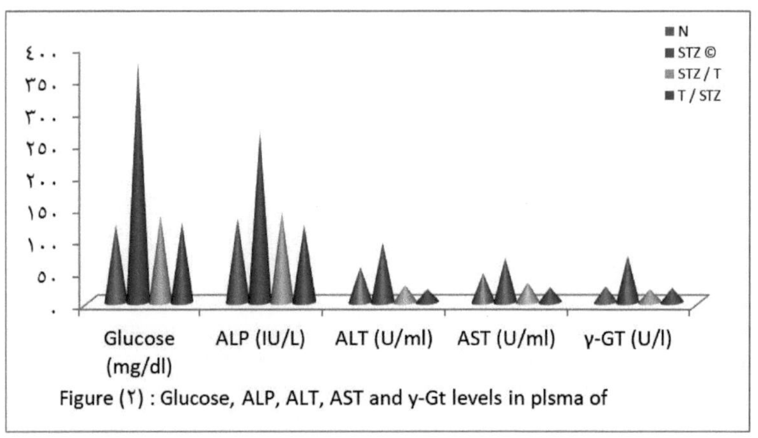

Figure (٢) : Glucose, ALP, ALT, AST and γ-Gt levels in plsma of

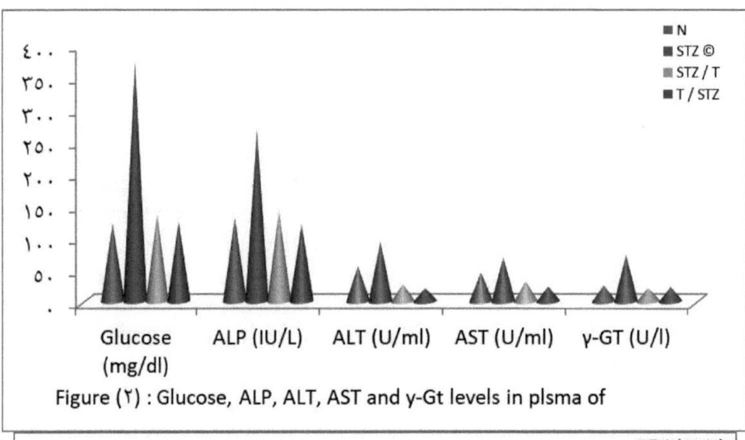
N
STZ ©
STZ / T
T / STZ
٤٠٠
٣٥٠
٣٠٠
٢٥٠
٢٠٠
١٥٠
١٠٠
٥٠
٠
Glucose (mg/dl)
ALP (IU/L)
ALT (U/ml)
AST (U/ml)
γ-GT (U/l)

Figure (٢) : Glucose, ALP, ALT, AST and γ-Gt levels in plsma of

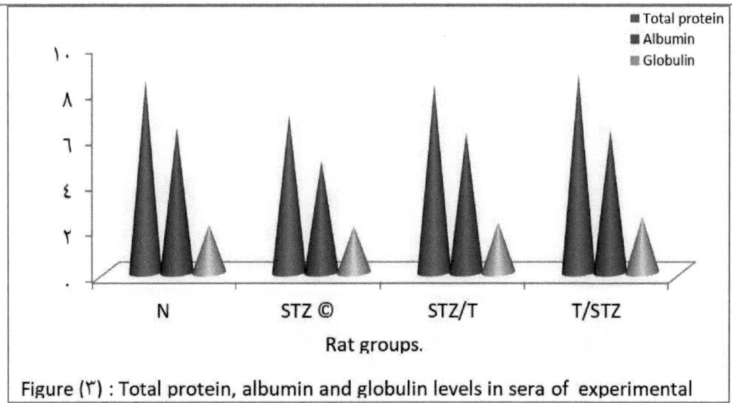

Figure (٣) : Total protein, albumin and globulin levels in sera of experimental

No presente estudo, foram estudados alguns aspectos do metabolismo dos hidratos de carbono, das proteínas e dos lípidos e parâmetros da função hepática em ratos normais e diabéticos tratados com extrato aquoso de coentros (*C. sativum*) numa dose de (200mg/kg de peso corporal).
A figura (2) ilustra que as actividades das transaminases (ALT e AST) estão significativamente diminuídas nos ratos diabéticos que receberam o extrato aquoso de coentros (*C. sativum*) após 30 dias de tratamento, em comparação com os grupos de controlo e de ratos STZ: foi observada uma diminuição semelhante na atividade da γ-GT nos ratos diabéticos que receberam o extrato aquoso de coentros (*C. sativum*) durante 30 dias. A diabetes mellitus (DM) é uma síndrome inicialmente caracterizada por uma perda da homeostase da glucose [16,30,33]. A administração de extrato aquoso de coentros (*C. sativum*) revelou uma diminuição significativa das actividades da alanina aminotransferase sérica (ALT), aspartato aminotransferase (AST) e gama aminotransferase (γ-GT) de ratos diabéticos em comparação com os grupos de controlo e de ratos STZ. As diminuições da atividade das transaminases com os tratamentos foram atribuídas à melhoria da função hepática [38 37,44]. Os resultados (Figura 2) mostraram um aumento significativo mais elevado dos níveis de ALP no grupo de ratos diabéticos (STZ ©) após a administração de 50 mg/kg de STZ (266,45±3,97 UI/L) em comparação com os do grupo de ratos de controlo N normal (140,10±3,14 UI/L). Verificou-se que os níveis de ALP nos grupos de ratos tratados (STZ /T e T/STZ) diminuíram significativamente (144,04±2,30 e 133,10±2,20 UI/L) em comparação com os do grupo STZ © (263,45±3,97 UI/L). Os níveis das transaminases de aspartato e de alanina (AST e ALT) apresentaram valores significativos mais elevados no grupo STZ © (98,40±0,98 e 96,85±1,59 U/ml, respetivamente) em comparação com os do grupo de ratos de controlo N (65,80±1,58 e 58,90±1,01 U/ml, respetivamente). Os resultados da Figura (2) revelaram reduções significativas dos níveis de AST e ALT nos grupos de ratos tratados (STZ /T e T/STZ) em comparação com os dos grupos de ratos N e STZ ©. Os presentes resultados também revelaram níveis significativos mais elevados de γ-GT (22,84±1,60 e 24,40±1,04 U/l) nos grupos de ratos tratados (STZ /T e T/STZ) em comparação com os dos grupos de ratos diabéticos STZ © (78,42±1,40 U/l). As transaminases são os biomarcadores mais sensíveis diretamente implicados na extensão dos danos celulares e da toxicidade, uma vez que têm uma localização citoplasmática e são libertadas para a circulação após danos celulares. Alterações na AST e ALT são relatadas em doenças hepáticas e no infarto

do miocárdio [19,33,37]. Por outro lado, o tratamento com STZ aumentou significativamente as actividades plasmáticas de AST e ALT em comparação com o controlo. A presença de extrato de coentros (*C. sativum*) com STZ minimizou o seu efeito tóxico nas enzimas plasmáticas e hepáticas para atingir os níveis de controlo (Figura 2). A perturbação significativa nas actividades da AST e ALT plasmáticas foi previamente relatada por outros investigadores [15,22,36], afirmando que a capacidade da STZ para causar alterações na atividade destas enzimas poderia ser um evento secundário após a lesão hepática induzida pela STZ com a consequente fuga dos hepatócitos. O tratamento de ratos diabéticos com o extrato aquoso de algumas plantas (*Lupinus albus* e *Zygophyllum coccineum*) restaurou as actividades da AST, ALT, ALP e LDH para o seu nível normal no plasma, no fígado e nos testículos de ratos diabéticos induzidos [7,18, 49], tendo sido referido que as plantas medicinais controlam a libertação de glicose do fígado. Geralmente, a toxicidade hepática da STZ é caracterizada pela elevação das transaminases séricas [3,18]. No presente estudo, a elevação dos níveis plasmáticos de transaminases é um indicador de funções hepáticas debilitadas e é ainda mais enfatizada pela diminuição significativa da atividade das transaminases (Figura 2). Este efeito do pré-tratamento do extrato de coentros (C. sativum) apoia as actividades antioxidantes do extrato de coentros (C. sativum) [12,80]. O extrato aquoso de coentros (*C. sativum*) mostrou uma alteração insignificante da proteína total, albumina e globulina no plasma de ratos diabéticos após 30 dias de tratamento em comparação com o valor correspondente de N e STZ ©, conforme ilustrado na Figura (3). Os dados obtidos indicam que o extrato aquoso de coentros (*C. sativum*) não produziu um efeito significativo na concentração sérica de proteínas totais, albumina e globulina de ratos diabéticos após 30 dias. Estes resultados sugerem que a administração de extrato de coentros (*C. sativum*) pode interferir negativamente com a glicemia em ratos diabéticos. O extrato de coentros (*C. sativum*) melhorou ligeiramente a concentração de proteínas e albumina no soro em comparação com os ratos diabéticos. Além disso, a SZC induziu uma diminuição da proteína total e da albumina.

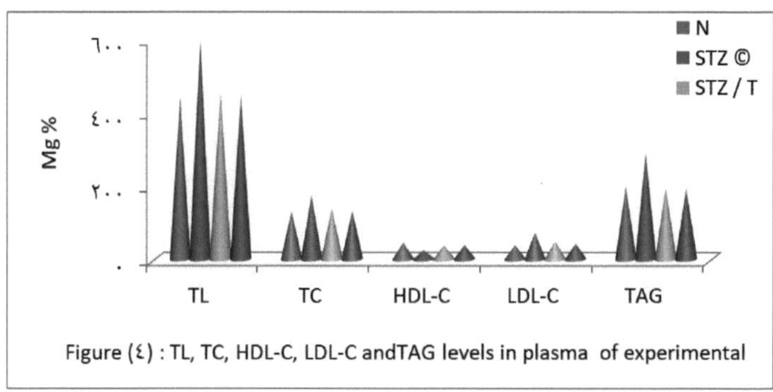

Figure (٤) : TL, TC, HDL-C, LDL-C andTAG levels in plasma of experimental

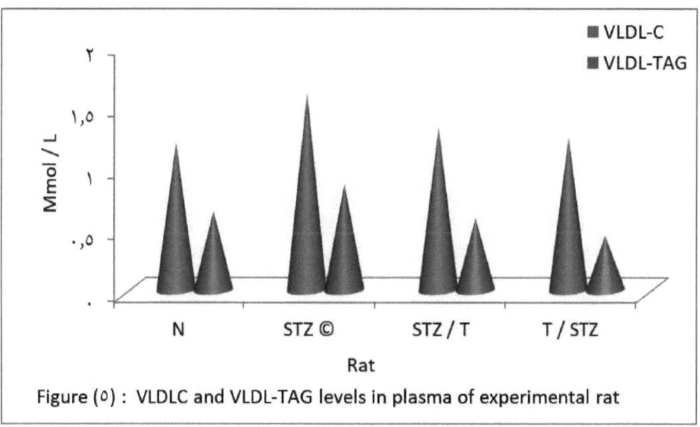

Figure (٥) : VLDLC and VLDL-TAG levels in plasma of experimental rat

As respostas dos lípidos plasmáticos dos grupos de ratos N, STZ ©, STZ/T e T/STZ são apresentadas na Tabela (5). Os ratos diabéticos tratados com extrato aquoso de coentros (*C. sativum*) induziram uma diminuição significativa dos níveis séricos de lípidos totais, colesterol total e triglicéridos após 30 dias. Foram observadas alterações diferentes nos níveis plasmáticos de TL, TC, HDL-C, LDL-C, VLDL-C, TAG e VLDL-TG. Os presentes resultados mostraram que o tratamento de ratos com STZ (STZ ©) provocou um aumento significativo mais elevado dos níveis de TL, TC, LDL-C, VLDL-C, TAG e VLDL-TG em comparação com o grupo de ratos de controlo N. Por outro lado, os ratos tratados com extrato de coentros (*C. sativum*) apresentaram reduções significativas mais elevadas nos níveis plasmáticos de TL,TC, HDL-C, LDL-C, VLDL-C, TAG e VLDL-TG quando comparados com o grupo de ratos de controlo normal (N) e com o grupo de ratos que recebeu STZ © (Figuras 4,5). Os ratos tratados com a dose de extrato de coentros (*C. sativum*) (STZ/T e T/STZ) registaram um aumento significativo do nível plasmático de HDL-C (12,82% e 18,79%, respetivamente). Vários investigadores [3, 4,11,28] sugeriram fortemente o consumo de componentes purificados, que poderiam ser benéficos em termos de redução da hipercolesterolemia, hiperlipidemia, Foram observadas reduções significativas mais elevadas na TL plasmática (22,41-25,20%) e no CT (24,80-28,60%) de ratos que receberam extrato de coentros (*C. sativum*). Tanto estudos em animais como clínicos sugeriram anteriormente que *o psyllum* e *o ruibarbo* podem ser potencialmente um agente hipocolesterolémico [31]. Em consonância com estes resultados, o efeito de redução do colesterol (22-25%) do extrato de coentros (*C. sativum*) utilizado foi elucidado neste estudo (Figuras 4, 5). Foi observada uma diminuição significativa superior no nível de TG (32,60-37,70%) dos ratos que receberam extrato de coentros (*C. sativum*). Existe uma correlação positiva entre a incidência de aterosclerose coronária e a concentração plasmática de LDL-C, que pode atuar como fator de risco cardiovascular, como afirmado por outros trabalhadores [11,37]. Por conseguinte, a maior redução dos níveis de LDL-C (26,32-32,46%) no plasma dos grupos de ratos tratados (STZ /T e T/STZ) significa que o extrato de coentros (*C. sativum*) teve efeitos de redução na incidência de aterosclerose coronária e reduziu o fator de risco de doenças cardiovasculares [10,16,31]. O presente estudo examinou a possibilidade de o polifenol melhorar o nível dos componentes lipídicos e os danos oxidativos resultantes da indução de STZ em ratos (14,16,90]. A dose de extrato de coentros (*C. sativum*) reduziu a CT plasmática em cerca de 28%. Estas doses também resultam na atenuação significativa das concentrações de VLDL-C (23-26,40%) observadas no tratamento de grupos de ratos (STZ /T e T/STZ, respetivamente). Além disso, o rácio TC/HDL-C, que é um marcador de dislipidemia, foi cerca de 2,3 vezes inferior nos grupos de ratos STZ /T e T/STZ em comparação com o grupo de ratos STZ ©. Contrariamente a estes resultados, [15] referiu que alguns extractos não tinham efeitos significativos sobre a CT sérica em ratos. [41] referem que a hipercolesterolemia induzida pela dieta é quase sempre útil para a avaliação de agentes que interferem com a absorção, a degradação e a excreção do colesterol. As razões para os teores plasmáticos mais baixos de VLDL-C nos ratos que receberam extrato de coentros (*C. sativum*) podem ter sido a elevação da absorção de VLDL pelo fígado. Os presentes resultados mostraram que os ratos que receberam extrato de coentros (*C. sativum*) (100mg/kg) têm um teor plasmático de HDL-C mais elevado (46,80 e 50,20 mg/dl) do que os ratos que receberam STZ © (grupo de controlo). Moharib [37] referiu que o colesterol era transportado dos tecidos periféricos para o fígado. As doses de extrato de coentros (*C. sativum*) reduziram significativamente os TG plasmáticos em cerca de 32,6-37,7% e os VLDL-TG em 31-44% em comparação com os ratos N e STZ ©. Estes efeitos podem dever-se ao efeito da enzima envolvida na hidrólise de VLDL-TG no plasma. O extrato de coentros (*C. sativum*) (100mg/kg) diminuiu significativamente o nível plasmático de CT (24,80-28,60%) e de VLDL-C (23-26,40%) em comparação com os dos ratos N e STZ © (quadro 5). O rácio CT/HDL-C foi inferior em 2,30 e 3,01 vezes nos grupos de ratos (STZ/T e T/ STZ respetivamente) que receberam extrato de salsa (*Petroselinum sativum*) (100mg/kg) em comparação com os ratos de controlo STZ ©. O teor de TG (32,60% e 37,70%) e de VLDL (31% e 44%) foi reduzido no plasma dos grupos de ratos (STZ/T e T/ STZ, respetivamente) em comparação com o grupo de ratos STZ ©. Os valores de proteína e albumina no plasma foram quase semelhantes em todos os grupos de ratos. Estes efeitos podem ser atribuídos à presença de polifenóis. Vários estudos estabeleceram que as substâncias fenólicas actuam na prevenção do desenvolvimento da aterosclerose [39,40]. No presente estudo, o tratamento de ratos diabéticos com extrato de coentros (*C. sativum*) produziu reduções acentuadas da concentração sérica de lípidos totais, colesterol total e triglicéridos em comparação com os ratos normais. Isto pode dever-se ao papel dos coentros (*C. sativum*) no aumento da mobilização excessiva de lípidos dos vasos sanguíneos para o fígado ou na diminuição do mecanismo de lipogénese no fígado e na diminuição da mobilização de lípidos do fígado para os vasos sanguíneos [18,20,37]. A redução dos lípidos totais, do colesterol e dos triglicéridos nos ratos diabéticos do presente estudo pode ser atribuída ao aumento da depuração e à diminuição da produção dos principais transportadores do colesterol total e dos triglicéridos sintetizados endogenamente [15,30]. Todas estas observações indicaram o efeito hipolipidémico dos coentros (C. sativum). Um efeito semelhante foi relatado por Nabi et al.[4]. Os efeitos redutores do colesterol do extrato de coentros (C. sativum) podem dever-se a uma maior utilização do colesterol para a síntese da bílis no fígado [30,96]. Outra possibilidade é que o extrato possa afetar a síntese do colesterol, que parece estar diminuída em resultado da inibição da hidroxi-metil glutaril co-enzima a redutase [12,1628]. É também possível que exerça o seu efeito sobre os ésteres de colesterol dos ácidos gordos polinsaturados [7,37], que são metabolizados mais rapidamente pelo fígado e outros tecidos, o que pode aumentar a sua taxa de renovação e excreção. A razão para o efeito de redução dos triglicéridos do extrato de coentros (*C. sativum*) pode dever-se a uma menor disponibilidade de ácidos gordos livres para absorção hepática e libertação da síntese de triglicéridos com subsequente hipotrigliceridemia [12,14,37]. O fígado desempenha um papel importante na homeostase da glicose e dos lípidos. Participa na absorção, oxidação e conversão metabólica de ácidos gordos livres e na síntese de colesterol, fosfolípidos e triglicéridos. A hiperlipidemia é um dos principais factores de risco da aterosclerose e da disfunção endotelial [15,31]. A família de enzimas glutatião-S-transferase (GST) inclui uma longa lista de proteínas citosólicas, mitocondriais e microssomais [37,82,104]. Os ratos diabéticos tratados com extrato aquoso de coentros (*Coriandrum sativum*) induziram uma diminuição significativa dos lípidos totais no soro, do colesterol total e do nível de triglicéridos, em comparação com os valores registados por outros investigadores (30, 33, 51). Também foram observadas reduções semelhantes nos lípidos totais séricos, colesterol total e triglicéridos em ratos normais tratados com extrato de plantas [37, 82].

3.5. Teores de TBARS no plasma e nos tecidos

As concentrações de TBARS no plasma e nos tecidos são apresentadas na Figura (6). Os grupos de ratos tratados com extrato de *coentros* (STZ/T e T/STZ) apresentaram teores baixos de TBARS no plasma (75%) em comparação com os ratos tratados com STZ©. As concentrações de TBARS no fígado e nos rins foram marcadamente reduzidas em 41% e 65%, respetivamente, no grupo de ratos tratados (STZ/T e T/STZ) em comparação com os ratos que receberam STZ©. Os resultados também mostraram que os ratos tratados (STZ/T e T/STZ) resultaram numa diminuição de TBARS em todos os tecidos. Estes dados sugerem que os grupos tratados com extrato de coentros (*C. sativum*) (STZ/T e T/STZ) são menos susceptíveis aos danos peroxidativos do stress oxidativo, tal como a STZ©. Estes efeitos devem-se à presença do extrato de salsa (*Petroselinum sativum*) que contém polifenóis [30,39]. O aumento da produção de aniões superóxido nos vasos hipercolesterolémicos contribui para o processo aterosclerótico [31,38,82], tendo sido relatado que a hipercolesterolemia e a aterosclerose estavam associadas ao aumento do conteúdo tecidular de um produto da peroxidação lipídica. É bem conhecido que os polifenóis vegetais actuam como eliminadores de radicais livres in vitro [30,40,90]. Os resultados também mostraram que as concentrações de TBARS no plasma foram significativamente mais baixas nos grupos de ratos tratados com extrato de *coentros* (STZ/T e T/STZ) em comparação com as do grupo de ratos STZ© (Figura 6). Outros investigadores [30,47,90,98] referiram que os aumentos da peroxidação lipídica plasmática e das concentrações de TBARS foram detectados em ratos hipercolesterolémicos e hipertrigliceridémicos. A geração de radicais livres está positivamente correlacionada com as concentrações plasmáticas de CT e TG em coelhos [12,16,98]. Na presente investigação, os ratos tratados com extrato de coentros (*C. sativum*) (STZ/T e T/STZ) apresentaram teores plasmáticos mais baixos de TC e TG e foi observada uma correlação positiva entre os teores plasmáticos de TBARS e TG.

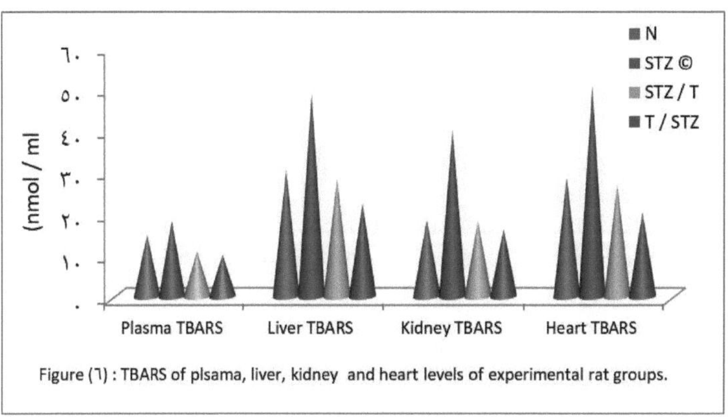

Figure (٦) : TBARS of plsama, liver, kidney and heart levels of experimental rat groups.

O efeito antioxidante de um extrato aquoso de uma planta utilizada na medicina ayurvédica em diferentes países foi estudado em ratos com diabetes induzida por estreptozotocina. A administração oral do extrato da planta (200mg/kg de peso corporal) durante 45 dias resultou numa redução significativa das substâncias reactivas do ácido tiobarbitúrico e dos hidroperóxidos [16,47,92]. O extrato também provoca um aumento significativo da glutationa reduzida no fígado e nos rins de ratos com diabetes induzida por STZ. Para determinar a peroxidação lipídica, os níveis de malondialdeído (MDA) foram medidos no soro e nos homogenatos de tecidos (fígado, rim e coração). O MDA no soro e nos homogenatos de tecidos aumentou consideravelmente nos ratos STZ© em comparação com o controlo N normal (Figura 7). O MDA no soro também diminuiu significativamente com a dose de extrato de coentros (*C. sativum*) (Figura 7). A administração oral de 50 mg/kg/dia de extrato de salsa (*P. sativum*) a ratos diminuiu acentuadamente o nível de MDA do homogenato dos tecidos em 72%. O MDA no soro também diminuiu significativamente (Figura 7). Os níveis de equivalentes de MDA aumentaram significativamente no fígado, coração e rins dos ratos do grupo de controlo (Figura 7). Mas este aumento foi significativamente reduzido para o nível de controlo normal em ratos aos quais foi administrado extrato de coentros (*C. sativum*) contendo flavonóides [15,86,90]. O peróxido lipídico é um evento patogénico importante no enfarte do miocárdio e os peróxidos lipídicos acumulados reflectem as várias fases da doença e as suas complicações [90,87,103]. O aumento do nível de peróxidos lipídicos lesiona os vasos sanguíneos, causando aumento da aderência e agregação de plaquetas nos locais lesionados [12,16]. Tanto o soro como o homogenato de tecidos revelaram um aumento nos níveis de MDA nos ratos (STZ /T e T/STZ) em comparação com os ratos N (Figura 7). No entanto, a dose de 200 mg/kg produziu uma maior proteção contra a peroxidação lipídica. Relatórios recentes mostram que os TBARS na mucosa gástrica, um índice de peroxidação lipídica, foram aumentados pela lesão causada pelo etanol, mas o aumento foi inibido pela administração de 50 mg/kg de extrato de coentros (C. sativum) através da diminuição dos metabolitos reactivos do oxigénio [30,98,105] quando foram utilizadas diferentes doses de extrato. A administração de extrato de coentros (C. sativum) a uma dose de 10 mg / kg de peso corporal / dia pode reduzir eficazmente os níveis de peróxidos lipídicos e equivalentes de MDA em ratos. [6,12,16,17]. No que diz respeito ao conteúdo de glicogénio hepático, verificou-se um aumento significativo mais elevado devido à administração oral de coentros aquosos (Coriandrum sativum) em comparação com o controlo, como se mostra na Figura (7). A elevação do glicogénio hepático observada nos ratos tratados indica um aumento do armazenamento de glicose em resultado do aumento da glicogénese de insulina induzida por um nível elevado [27,30,105] afirmou o efeito do extrato de folhas de plantas na glicose plasmática e no conteúdo de glicogénio hepático em ratos diabéticos induzidos por estreptozotocina. Além disso, o efeito hipoglicémico do extrato aquoso de coentros (*Coriandrum sativum*) pode ser atribuído ao aumento do tempo de absorção da glicose no intestino [15,23].

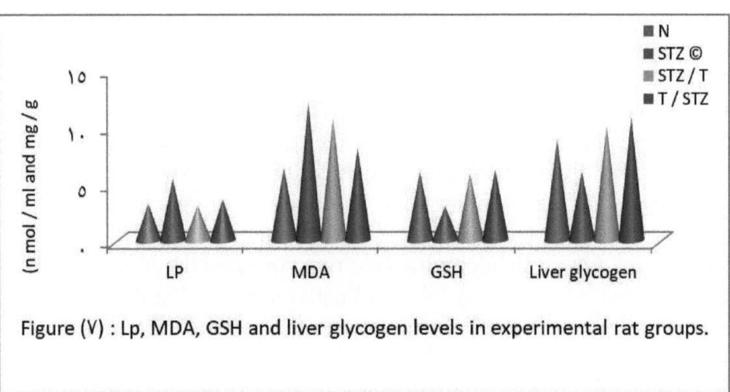

Figure (V) : Lp, MDA, GSH and liver glycogen levels in experimental rat groups.

3.6. Actividades das enzimas antioxidantes

O extrato de coentros (*C. sativum*) registou teores elevados de fenóis e flavonóides. Verificou-se uma correlação linear entre a atividade antioxidante e os teores totais de fenóis e flavonóides de T. foenum graecum [14,24,29]. Este facto sugere que os compostos fenólicos contribuíram significativamente para a capacidade antioxidante das espécies vegetais. O resultado foi consistente com as descobertas de outros trabalhadores [90,91,98] que relataram uma correlação positiva entre os fenóis totais e a atividade de limpeza. O presente estudo foi realizado para determinar o efeito da dose de extrato de coentros (*C. sativum*) contendo polifenóis e flavonóides no estado antioxidante e na concentração de glucose no sangue em ratos diabéticos induzidos por STZ. Os ratos tratados apresentaram uma diminuição significativa das actividades da glutationa-S-transferase (GSH-T), da glutationa-peroxidase (GSH-P) e da glutationa-redutase (GSH-R) no coração [16,94]. As actividades das enzimas dependentes do glutatião foram restauradas quase ao normal em ratos pré-tratados com extrato de coentros (*C. sativum*) (T/STZ). A glutationa redutase e a glutationa peroxidase são essenciais para manter uma relação constante entre a glutationa reduzida e a glutationa oxidada na célula [16,98]. A diminuição dos níveis de glutatião na administração a ratos pode dever-se ao aumento da sua utilização na proteção das proteínas que contêm SH contra os peróxidos lipídicos. A redução da disponibilidade de glutatião também reduz a atividade da glutatião peroxidase e da glutatião-S-transferase na administração a ratos [17,37,103]. O pré-tratamento com extrato de coentros (*C. sativum*) restaura o nível de glutatião e aumenta as actividades da glutatião peroxidase e da glutatião-S-transferase. A atividade da SOD diminuiu com a administração do extrato de coentros (C. sativum), de acordo com a observação de [12,91,98]. Durante o enfarte do miocárdio, os radicais superóxido gerados no local da lesão modulam a SOD, resultando na perda de atividade e na acumulação do radical superóxido, que danifica o miocárdio [29,91]. O pré-tratamento com extrato de coentro (*C. sativum*) aumenta a atividade da SOD e elimina os radicais superóxido, reduzindo o dano miocárdico causado pelos radicais livres [98,103]. No entanto, a dose de 200 mg/kg/dia produziu proteção contra a peroxidação lipídica. Um ligeiro aumento produzido pelo extrato (50 mg/kg/dia) nas actividades da glutatião-S-transferase (GST) no tecido hepático em todos os grupos estudados. A atividade da enzima SOD diminuiu significativamente no fígado, no coração e nos rins dos ratos (Figura 7). Os ratos tratados com extrato de coentros (*C. sativum*) contendo fenólicos e flavonóides mostraram uma elevação significativa na atividade da SOD quando comparados com ratos normais (80,90,91]. No caso do glutatião reduzido, foi observada uma diminuição significativa no fígado, coração, rim e sangue dos ratos, como se mostra na Figura 8 (a, b, c, d). As actividades de GSH-R, GSH-P e GSH-T foram significativamente reduzidas no fígado, no coração e nos rins dos ratos, como se mostra na Figura 8 (a. b. c,). Vários relatórios mostraram que a hiperlipidemia diminui os sistemas de defesa antioxidante [37,51,82,96], diminuindo as actividades da SOD e elevando assim o conteúdo de peróxido lipídico, resultando na produção de intermediários tóxicos. A diminuição da atividade da GSH-R deveria normalmente resultar numa diminuição da concentração de glutatião reduzido. O tratamento com extrato de coentros (*C. sativum*) contendo flavonóides elevou os níveis destes parâmetros em tecidos de ratos experimentais [12,90,91], tendo sido relatado que a flavona natural induziu um aumento significativo da atividade de Sharma et al. No presente estudo, as actividades da SOD nos tecidos dos ratos diminuíram significativamente quando comparadas com as dos ratos normais (N). A administração de extrato de coentros (*C. sativum*) contendo fenólicos e flavonóides aos ratos mostrou uma elevação significativa das actividades das enzimas antioxidantes.

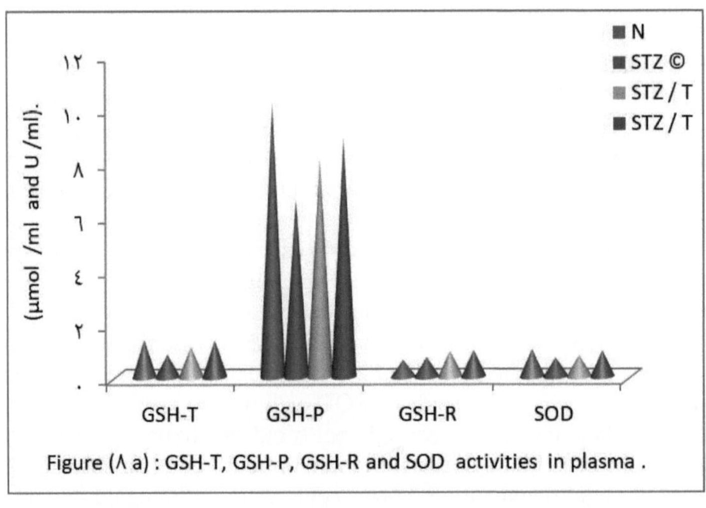

Figure (٨ a) : GSH-T, GSH-P, GSH-R and SOD activities in plasma .

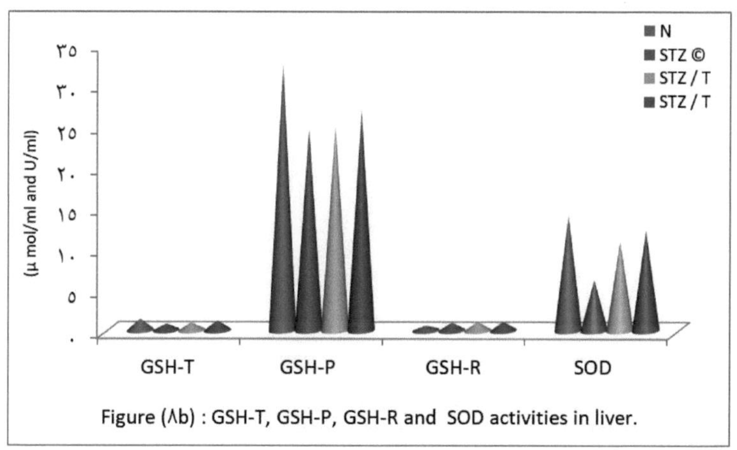

Figure (٨b) : GSH-T, GSH-P, GSH-R and SOD activities in liver.

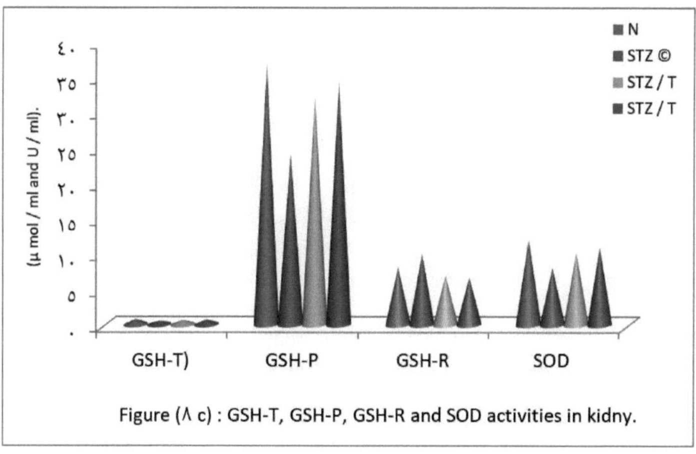

Figure (٨ c) : GSH-T, GSH-P, GSH-R and SOD activities in kidny.

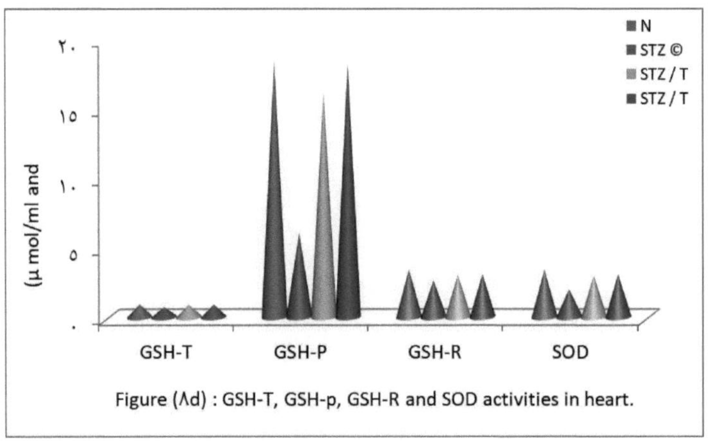

Figure (٨d) : GSH-T, GSH-p, GSH-R and SOD activities in heart.

Figura 8 (a, b, c, d) Actividades das enzimas antioxidantes (GSH-T, GSH-P, GSH-R e SOD) no plasma e nos homogenatos de tecidos (fígado, rim e coração) de ratos albinos machos.

(Valores médios para 7 ratos / grupo)

3.7. Stress oxidativo e potencial antioxidante do extrato de coentros (*C. sativum*) contra a toxicidade do SZC.

Os animais tratados revelaram um aumento significativo das substâncias reactivas ao ácido tiobarbitúrico (TBARS) no plasma, coração, rim e fígado, enquanto as actividades das enzimas antioxidantes (GSH-T, SOD e GSH-P) diminuíram. Por outro lado, as proteínas totais e a albumina plasmáticas, bem como o peso corporal, registaram uma diminuição significativa. A SZC induziu uma diminuição das actividades das enzimas antioxidantes, das proteínas totais e da albumina [17,21,23].

O extrato de coentros (*C. sativum*) aumentou a atividade da superóxido dismutase (SOD) em 38 e 64% no fígado e nos rins, respetivamente. A atividade da glutationa redutase (GSH-R) aumentou 17% e 30% no fígado e nos rins dos grupos de ratos (STZ/T e T/STZ) em comparação com os dos ratos STZ ©. A atividade da glutationa peroxidase (GSH-P) aumentou significativamente no fígado e nos rins. Os presentes resultados mostram que os ratos que receberam extrato de coentros (*C. sativum*) apresentaram uma atividade SOD mais elevada no fígado e nos rins, em comparação com os ratos STZ©. Os radicais livres são a fonte da peroxidação lipídica derivada do oxigénio e a primeira linha de defesa contra eles é a SOD [30,39,90]. Assim, o aumento da atividade da SOD no fígado (28%) e no rim (64%) sugere que a ausência de acumulação do radical anião superóxido pode ser responsável pela diminuição da peroxidação lipídica nestes tecidos [16,91,103]. Isto também é evidente pelo facto de a diminuição relativamente maior da peroxidação lipídica no fígado e no rim de ratos que receberam extrato de coentros (*C. sativum*) ser acompanhada por um aumento relativamente maior da atividade da SOD nestes tecidos [30,44,82], o que demonstra alterações nos antioxidantes do fígado em ratos hiperlipidémicos. Além disso, a GSH-P é responsável pela maior parte da decomposição do peróxido lipídico nas células e pode, assim, proteger a célula dos efeitos dos peróxidos. Na presente investigação, foram observadas actividades GSH-P e GSH-R mais elevadas no fígado e nos rins em ratos que receberam extrato de coentros (*C. sativum*) em comparação com os ratos STZ©, como se mostra na Figura 8 (a,b,c,d). A atividade GSH-P melhorada com um aumento concomitante da atividade GSH-R no fígado e nos rins de ratos que receberam extrato de coentros (C. sativum) indica a sobreactivação do ciclo de oxidação/redução do glutatião [30,37]. Outros estudos [16,91,98] indicaram que o extrato aquoso de coentros apresenta uma atividade antioxidante considerável. Outros estudos demonstram uma diminuição da atividade GSH-P no fígado de ratos que receberam extrato da planta [37]. No tecido cardíaco, contudo, o aumento da peroxidação lipídica em ratos que receberam extrato de coentros (*C. sativum*) em comparação com os ratos STZ© pode dever-se a actividades GSH-P e GSH-R mais baixas. Pode colocar-se a hipótese de as razões para a diminuição das actividades GSH-P e GSH-R no tecido cardíaco do grupo de ratos que recebeu extrato de coentros (*C. sativum*) poderem ser a inativação da GSH-P, que leva à inativação da SOD. Por conseguinte, é possível que a baixa atividade da GSH-P no tecido cardíaco do extrato de coentros (*C. sativum*) se deva a uma perda de glutatião total. Pode concluir-se que o extrato de coentros (*C. sativum*) é capaz de diminuir os CT, TG e VLDL plasmáticos e melhorar a dislipidemia. Além disso, também melhora o estado antioxidante diminuindo a peroxidação lipídica e aumentando as enzimas antioxidantes. Por conseguinte, o efeito hipolipidémico do extrato de coentros (*C. sativum*) em ratos observado na presente investigação pode ser valioso para a proteção contra a hiperglicemia e as doenças cardiovasculares induzidas pela STZ. O extrato de coentros (*C. sativum*) rico em polifenóis pode melhorar e reduzir a absorção do colesterol. As análises químicas do extrato de coentros (*C. sativum*) revelaram a presença de teores mais elevados de polifenóis e flavonóides, uma vez que os flavonóides do extrato de coentros (*C. sativum*) têm sido referidos como apresentando atividade antioxidante e hipocolesterolémica [12,14,17]. Por conseguinte, pode sugerir-se que a atividade hipolipidémica e antioxidante do extrato de coentros (*C. sativum*) pode estar correlacionada com estes compostos.t No entanto, verificou-se uma correlação linear entre a atividade antioxidante e os teores totais de fenóis e flavonóides. O presente resultado foi consistente com as descobertas de outros investigadores [91,103] que relataram uma correlação positiva entre os fenóis totais e a atividade de eliminação. O anião superóxido é prejudicial para os componentes celulares e a capacidade de eliminação dos extractos pode dever-se à presença de flavonóides [82,90]. O presente estudo examinou a possível utilidade dos coentros (*C. sativum*) contendo principalmente quercetina para proteger o rato contra o efeito diabético da STZ e o seu efeito em algumas enzimas antioxidantes (SOD e GSH-P) que podem proteger as células contra o stress oxidativo na DM. Os produtos naturais são ricos em polifenólicos e os flavonóides apresentam uma elevada atividade antioxidante e são capazes de eliminar os radicais hidroxilo, peroxilo e superóxido. Alguns estudos [82,91,105], relataram que a ação hipoglicémica do extrato em ratos diabéticos pode ser possível através da estimulação da captação de glicose pelo tecido periférico, da inibição da produção endógena de glicose ou da ativação da gluconeogénese no fígado. Por conseguinte, os presentes resultados revelaram que o extrato de coentros (C. sativum) mostrou um efeito protetor contra a toxicidade da SZC. O papel e a utilização de antioxidantes naturais é principalmente para prevenir danos oxidativos na DM [90,98]. Os presentes resultados indicam que os efeitos preventivos dos coentros (*C. sativum*) podem ser devidos à inibição da peroxidação lipídica pela sua natureza antioxidante. Os resultados podem fornecer a utilidade potencial de C. sativum como fonte de matéria-prima para a utilização industrial de fenólicos. Muitos investigadores [80,91,98] sugerem que este extrato de coentros (C. sativum) é considerado uma fonte de antioxidantes naturais utilizados como substituto de antioxidantes sintéticos na indústria alimentar. As conclusões mais significativas do presente estudo são que o extrato aquoso de coentros (*C. sativum*) na dose de 200 mg/kg de peso corporal durante 30 dias mostrou um efeito benéfico não só nos níveis de glicose no sangue, mas também no peso do corpo e dos órgãos em ratos diabéticos induzidos por estreptozotocina.

Conclusão

Os coentros (*C. sativum*) são alimentos de consumo comum, têm uma longa história de consumo de ingredientes dietéticos sem registo de danos. Os extractos de coentros (*C. sativum*) contendo diferentes componentes possuem bioactividades que parecem ter efeitos potenciais sobre os factores de risco de doenças cardiovasculares, cancerígenas e infecciosas devido ao seu conteúdo em polifenóis e flavonóides. Os presentes resultados sugerem que a ingestão de extrato de coentros (*C.*

sativum) contendo polifenol e flavonoide como compostos antioxidantes em determinadas doses é útil para melhorar o estado lipídico de ratos hiperglicémicos e hiperlipidémicos induzidos por STZ, inibindo a peroxidação lipídica e activando enzimas antioxidantes que podem ser utilizadas para tratamento e reduzem a morte por diferentes doenças.

Agradecimentos

O autor agradece ao Centro Nacional de Investigação, Dokki, Cairo, Egipto, por ter financiado este trabalho.

REFERÊNCIAS

1.Biswas M, Kar B, Bhattacharya S, Kumar RB, Ghosh AK, Haldar PK. (2011). Atividade anti-hiperglicémica e papel antioxidante da folha de Terminalia arjuna em ratos diabéticos induzidos por estreptozotocina. Pharm Biol 49, 335-40.

2. Al-lawati JA. (2011) Diabetes mellitus: uma emergência de saúde pública local e global! Oman Med J. 32:177-179.

3. Rajan M, Kumar VK, Kumar PS, Swathi KR, Haritha S.(2012). Atividade antidiabética, anti-hiperlipidêmica e hepatoprotetora do extrato metanólico de *Ruellia tuberose Linn.* folhas em diabetes normal e induzida por aloxana. J. Chem. Pharm. Res. 4, 2860-2868.

4. Nabi, S.A., Kasetti, R.B., Sirasanagandla, S., Tilak, T.K., Kumar, M.V. e Rao, C.A. (2013). Atividade antidiabética e anti-hiperlipidêmica do extrato aquoso da raiz de *Piper longum* em ratos diabéticos induzidos por STZ. BMC Complement Altern Med. 13, 37.

5. Associação Americana de Diabetes (ADA) (2012). Diagnóstico e classificação da diabetes mellitus. Diabetes Care 33, 62-69.

6. Safdar, M., M.M. Khattak e M. Siddique, (2004).Effect of various doses of cinnamon on blood glucose in diabetic individuals. Pak. J. Nutr., 3:268-272.

7. Moharib, S.A. (2006). Efeito hipolipidémico da fibra alimentar em ratos.Adv. in Food Sci. 28,1-8.

8. Mahendran, G. e NarmathaBai,V. (2013). Atividade antioxidante e anti-proliferativa de *Swertiacorymbosa (Griseb.)*Wight ex C.B.Clarke.Int.J.Pharm.Pharm.Sci. 3, 551- 558.

9. Mahendran,G.,Thamotharan,G., Sengottuvelu,S. e NarmathaBai,V. (2014). Atividade antidiabética de *Swertia corymbosa (Griseb.)* Wight ex CB Clarke extrato de partes aéreas em ratos diabéticos induzidos por estreptozotocina J. Ethnopharmacol. 151, 1175-1183.

10. Harrison, D., Griendling, K., Landmesser, U., Hornig, B. e Drexler, H. (2003). Role of oxidative stress in atherosclerosis (Papel do stress oxidativo na aterosclerose). American Journal of Cardiology 91, 7A- 11A.

11. Ramkumar, K.M., Vijayakumar, R.S., Ponmanickam, P., Velayuthaprabhu, S., Archunan, G., Rajaguru, P. (2008). Efeito anti-hiperlipidémico da Gymnema montanum: um estudo sobre o perfil lipídico e a composição de ácidos gordos na diabetes experimental. Basic Clin. Pharmacol. Toxicol. 103, 538-545.
12. Mazhar J, e Mazumder A. (2013). Avaliação da atividade antidiabética do extrato metanólico de folhas de Coriandrum sativum em ratos diabéticos induzidos por Alloxan. Jornal de Investigação de Ciências Farmacêuticas, Biológicas e Químicas 500-507.
13. Sathishkumar, T.Baskar, R., Shanmuggam, S., Rajasekaran,P., Sadasivam,S. e Manikandan, V. (2008). Otimização da extração de flavonóides das folhas da parede de Tabernaaemontana heyneana utilizando o desenho ortogonal L16. Natureza e Ciência, 6 1545-0740.
14. Hervert-Hernández, D.,García,O.P.,Rosado,J.L. e Goñi, I. (2011). A contribuição de frutas e vegetais para a ingestão dietética de polifenóis e capacidade antioxidante em uma dieta rural mexicana: Importância da variedade de frutas e vegetais Food Res. Internal, 44, 1182-1189.
15. Bonetti, P.O., Lerman, L.O., Lerman, A., (2003). Endothelial dysfunction: a marker of atherosclerotic risk. Arteriosclerosis, Thrombosis, and Vascular Biology 23, 168-175.
16. Bagri, P., Ali, M., Aeri, V., Bhowmilk, M. e Sultana, S. (2009) Antidiabetic effect of *Punica granatum flowers*. Efeito nas células pancreáticas da hiperlipidemia, peroxidação lipídica e enzimas antioxidantes na diabetes experimental. Food Chem. Toxicol. 47, 50-54.
17. Yang H, Jin X, Kei Lam CW, Yan SK. (2011). Revisão: stress oxidativo e diabetes mellitus. Clin Chem Lab Med 49, 1773-1782.
18. Gomathi D, Ravikumar G, Kalaiselvi M, Devaki K, Uma C. (2013) Eficácia de Evolvulus alsinoides (L.) L. na atividade de insulina e antioxidantes no pâncreas de ratos diabéticos induzidos por estreptozotocina. J Diabetes Metab Disord 6581-12-39.
19. Nissen, S.E.e Wolsk, I.K. (2007). Effect of rosiglitazone on the risk of myocardial infarction and death from cardiovascular causes. N. Engl. J. Med. (2007), 356, 2457-2471.
20. Bayramoglu G, Senturk H, Bayramoglu A, Uyanoglu M, Colak S, Ozmen A, et al.(2014). Carvacrol reverte parcialmente os sintomas de diabetes em ratos diabéticos induzidos por STZ. Cytotechnology. 66, 251-7.
21. Veeramani C, Pushpavalli G, Pugalendi KV. (2008).Efeito anti-hiperglicémico do extrato de folhas de Cardiospermum halicacabum Linn. em ratos diabéticos induzidos por estreptozotocina. J Appl Biomed 6: 19-26.

22. Balamurugan, K., Nishanthini, A. e Mohan, V.R. (2014). Atividade antidiabética e anti-hiperlipidêmica do extrato etanólico de *Melastoma malabathricum Linn.* folha em ratos diabéticos induzidos por aloxana. Asian Pac J Trop Biomed. 4, 442-448.
23. Un, J., Mi-Kyung, L., Yong, B., Mi, A. e Myung-Sook C. (2006). Efeito dos flavonóides dos citrinos no metabolismo lipídico e nos níveis de ARNm das enzimas reguladoras da glucose em ratos diabéticos de tipo 2. Int. J. Biochem. Cell Biol. 38, 1134-45.
24. Basch, E., Ulbricht, C., Kuo, G., Szapary, P. e Smith M. (2003). Therapeutic applications of fenugreek. Altern. Med. Rev.8, *20-27.*
25. Nilnakara,S.,Chiewchan,N. e Devahastin,S. (2009). Produção de pó de fibra alimentar antioxidante a partir de folhas exteriores de couve. Food and Bioproducts Process. 87, 301-307.
26. Adhyapak S, e Dighe V. 2013Atividade antidiabética de Caesalpinia bonducella Linn. e Coccinia indica Wight & Arn. em ratos diabéticos induzidos por aloxana. Int J Res Pharm Biomed Sci 4, 1287-1290.
27. Menezes IA, Moreira IJ, Carvalho AA, (2007). Antoniolli AR, Santos MR. Efeitos cardiovasculares do extrato aquoso de Caesalpiniaferrea: envolvimento dos canais de potássio sensíveis ao ATP. Vasc Pharmacol 47, 41-47.
28. Moharib , S.A. (2016). Efeitos antidiabéticos e antioxidantes do extrato de salsa (*Petroselinum sativum*) em ratos diabéticos induzidos por estreptozotocina. Adv. In Food Sci. 38, 22-34.
29. Kaviarasan,S., Naik, G.H., Gangabhagirathi, R., Anuradha, C.V. e Priyadarsini, K.I. (2007). Estudos in vitro sobre as actividades antirradicalares e antioxidantes das sementes de feno-grego (*Trigonella foenum graecum*). Food Chemistry 103, 31-37.
30. Moharib, S.A. e Awad, I.M.(2012). Atividades antioxidantes e hipolipidêmicas da fibra dietética de espinafre (*Spinocia oleracea*) e suplementação de polifenóis em ratos alimentados com uma dieta rica em colesterol. Adv. In Food Sci. 34,14-23.
31. Jiménez, J. P., Serrano, J., Tabernero, M., Arranz, S., Díaz-Rubio, M. E., García-Diz, L., Goñi, I. e Saura-Calixto, F. (2008). Efeitos da fibra alimentar antioxidante da uva nos factores de risco das doenças cardiovasculares Nutr. 24, 646-653.
32. Zapolska-Downar D, Kosmider A, Naruszewicz M. (2006). O extrato rico em flavonóides de frutos *de chokeberry* inibe a apoptose de células endoteliais induzida por oxLDL. Atherosclerosis 7, 223-4.
33. Chikhi,I., AllaliH., Dib,M.E., Medjdoub,H. e Tabti, B. (2014). Atividade antidiabética do extrato aquoso de folhas de Atriplex halimus L.

(Chenopodiaceae) em ratos diabéticos induzidos por estreptozotocina. Asian Pac. J. Trop. Dis. 4,181-184.
34. Li, W.L.; Zheng, H.C.; Bukuru, J.; de Kimpe, N. (2004).Medicamentos naturais utilizados no sistema médico tradicional chinês para a terapia da diabetes mellitus. J.Ethnopharmacol. 92, 1-21.
35.Xie, W.; Xing, D.; Sun, H.; Wang, W.; Ding, Y.; Du, L.(2005). Os efeitos das folhas de Ananas comosus L. em ratos diabéticos-dislipidémicos induzidos por aloxana e uma dieta rica em gordura/colesterol elevado. Am. J. Chin. Med. 33, 95-105.
36. Alam F, Shafique Z, Amjad ST, Asad M. (2019). Inibidores de enzimas de fontes naturais com atividade antidiabética: Uma revisão: Novos alvos para o tratamento antidiabético. Pesquisa em Fitoterapia. 33, 41-54.
37. Moharib, S.A. (2021). Actividades hipolipidémicas e valores nutritivos da suplementação de sementes de *Brassica napus* e *Eruca sativa* em ratos alimentados com uma dieta rica em colesterol.EC Veterinary Science 6.8, 29-40.
38. Lee, A.S.; Lee, Y.J.; Lee, S.M.; Yoon, J.J.; Kim, J.S.; Kang, D.G.; Lee, H.S. (2012).Portulaca oleracea melhora a inflamação vascular diabética e a disfunção endotelial em ratinhos db/db. Complemento Baseado em Evidências. Altern. Med. 2012, 2012.
39. Siddhuraju,P. e Manian, S. (2007). A atividade antioxidante e a capacidade de eliminação de radicais livres de extractos fenólicos dietéticos de sementes de grama de cavalo (Macrotyloma uniflorum (Lam.) Verdc.) Food Chem. 105,950-958.
40. Crozier, A., Burns, J., Aziz, A.A., Stewart, A.J., Rabiasz, H.S., Jenkins, G.I., Edwards, C.A., Lean, M.E. (2000). Antioxidant flavonols from fruits, vegetables and beverages: measurements and bioavailablility. Biol. Res. 33, 79-88.
41. Choi, E.M., Hwang, J.K. (2005). Efeito de algumas plantas medicinais no sistema antioxidante plasmático e nos níveis de lípidos em ratos. Phytotherapy Res. 19, 382-386.
42. Anila, L. e Vijayalakshmi, N.R.,(2002). Flavonóides de Emblica officinalis e Mangifera indica: eficácia para a dislipidemia. Journal of Ethnopharmacology 79, 81-87.
43.Zhang, H., Chen, F., Wang, X. e Yao, H.Y. (2006). Avaliação da atividade antioxidante do óleo essencial de salsa (*Petroselinum crispum*) e identificação dos seus constituintes antioxidantes. Food Research International 39, 833-839.
44. Popovic, C.M., Kaurinovi,C.B. e Jakovljevi, C.V. (2007). Efeito de extractos de salsa (*Petroselinum crispum* (Mill.) Nym. ex A.W. Hill,

Apiaceae) em alguns parâmetros bioquímicos de stress oxidativo em ratos tratados com CCl4.Phytotherapy Res. 21, 717-723.
45. Zhou, Y.X.; Xin, H.L.; Rahman, K.; Wang, S.-J.; Peng, C.; Zhang, H. (2015). Portulaca oleracea L.: Uma revisão dos efeitos fitoquímicos e farmacológicos. BioMed Res. Int. 2015, 2015.
46. Gong F, Li F, Zhang L, et al (2009). Hypoglycemic effects of crude polysaccharides from Purslane. Int J Mol Sci, 10, 880-8.
47. Yu Bai,, Xueli, Z., Jinshu, M. e Guangyu, X. (2016). Efeito antidiabético de *Portulaca oleracea* L. Polissacarídeo e seu mecanismo em ratos diabéticos. Int. J. Mol. Sci. 17, 1201-1214.
48. Choi, C.W., Kim, S.C., Hwang, S.S., Choi, B.K., Ahn, H.J., Lee, M.Y., Park, S.H., Kim, S.K. (2002). Atividade antioxidante e capacidade de eliminação de radicais livres entre plantas medicinais coreanas e flavonóides por comparação guiada por ensaio. Ciência das Plantas 163, 1161-1168.
49. Mohamed, A.A. Ibrahim, M.A., Ahmed, N.S. e Abdelaziz, M.A. (2010) Estudos confirmatórios sobre o efeito antioxidante e antidiabético da quercetina em ratos Indian J Clin Biochem. 25: 188-192.
50. Okawa, M., Kinjo, J., Nohara, T. e Ono, M. (2001). Atividade de limpeza do radical DPPH (1,1-Difenil-2-Picrilhidrazil) de flavonóides obtidos de algumas plantas medicinais. Boil Pharm Bull 24 : 1202-1205.
51. Welela, M. K., Abiyot, K. G,, Getabalew, S. W., e Milkesa, F. S. (2023). Atividade antioxidante do extrato de plantas seleccionadas para a estabilidade do óleo de palma através de um estudo acelerado e de fritura profunda. Heliyon 9, 1-16.
52. Lowry, O.H., Rosebrough, N.J., Farr, A.L., Randall, R.J. (1951). Protein measurement with the Folin phenol reagent. J. Biol. Chem. 193, 256-275.
53. Folch, J., Lees, M. e Sloane-Stanley, G.H. (1957). A simple method for the isolation and purification of total lipids from animal tissue. J. Biol. Chem 226, 497-509.
54. Dubois, M., Gilles, K.A., Hamilton, T.R. , Rebers, P.A. e Smith, F. (1956). Determinação de açúcares e substâncias afins. Anal. Chem. 28, 350-356.
55. Marinova, D., Ribarova, F. e Atanassova, M. (2005) Total phenolics and total flavonoids in Bulgarian fruits and vegetables. J.of the Univ.of Chem.Technol. and Metallur. 40, 255-260.
56. Singleton, V. L., Orthofer, R. e Lamuela-Raventos, R. M. (1999). Análise de fenóis totais e outros substratos de oxidação e antioxidantes por meio do reagente de Folin Ciocalteu. Methods Enzymol, 299, 152-178.

57.Nabavi S. M., Ebrahimzadeh M. A., Nabavi S. F., Hamidinia A. e Bekhradnia A. R. (2008). Determinação da atividade antioxidante, teor de fenóis e flavonóides de Parrotla persica Mey. Pharmacologyonline 2: 560-567.
58. Zhishen, H., Mengcheng, T. e Jianming, W. (1999). A determinação do teor de flavonóides na amoreira e os seus efeitos de eliminação dos radicais superóxido. Food Chem. 64, 555-559.
59. Adam, J.H., Ramian, O. e Wilcock, C.C. (2002). Phytochmeical screening of flavonoids in three hybrids of *Napenthes* (*Napenthaceae*) and their putative parental species from Sarawak and Sabah. Online J. boil. sci. 2, 623-625.
60. Guorong, F., Jinyong, P. e Yutian, W.u. (2006). Separação Preparativa e Isolamento de Três Flavonóides e Três Derivados de Cloroglucinol de *Hypericum japonicum Thumb.* usando Cromatografia em Contracorrente de Alta Velocidade por Aumento Gradual da Taxa de Fluxo da Fase Móvel. J. Liq. Chrom. Tech. 29,1619-1632
61. Ohkawa, H., Ohishi, N. e Yagi, K. (1979). Ensaio da peroxidação lipídica em tecidos animais pela reação do ácido tiobarbitúrico. Annals of Biochem. 95, 351-358.
62. Meliani, N., Dib, M.A., Allali, H. e Tabti, B. (2011). Efeito hipoglicémico de *Berberis vulgaris* L. em ratos diabéticos normais e induzidos por estreptozotocina. Asian Pac J Trop Biomed. 6, 468-471.
63. Trinder, P. (1969a): Determinação da glucose no sangue utilizando a glucose oxidase com um aceitador alternativo. Ann. Clin. Biochem. 624-627.
64. Doumas, B.T., Watson, W.A., Biggs, H.G., (1977). Padrões de albumina e medição da albumina sérica com verde de bromocresol. Clin. Chem. Ata 31, 87-96.
65. Knight, J.A., Anderson, S. e Rewale, J.M. (1972). Chemical basis of the sulfophos-phovanillin reaction for estimating total serum lipids. Clin. Chem. 18, 199-202.
66. Trinder, P. (1969b). Método turbidimétrico simples para a determinação do colesterol sérico. Ann. Clin. Biochem. 6, 165-166.
67. Wahlefeld, A.W. (1974). Determinação de triglicéridos após hidrólise enzimática. In: H. Bergmeyer. (ed.) Methods of enzymatic analysis, 2nd. ed. inglesa, Verlag Chemie Weinheim e Academic Press, Inc., Nova Iorque e Londres. Nova Iorque e Londres. pp. 183 e segs.
68. Lopes-Virella, M.F., Stone, P., Ellis, S. e Colwell, J.A. (1977). Determinação do colesterol em lipoproteínas de alta densidade separadas por três métodos diferentes. Clin. Chem. 23, 582-584.

69. Burstein, M.H.R., Fine, A., Atger, V., Wirbel, E., Girard-Globa, A. (1989). Método rápido para o isolamento de duas subfracções purificadas de lipoproteínas de alta densidade por precipitação diferencial de sulfato de dextrano e cloreto de magnésio. Biochem. 71, 741-746.
70. Reitman, S., Frankel, S., 1957. Um método colorimétrico para a determinação da aminotransferase glutâmica oxaloaceitato sérica. Am. J. Clin. Pathol. 28, 56-63.
71.Szasz, G., 1969. Um método fotométrico cinético para a γ-Glutamil transpeptidase sérica (γ-GT). Clin Chem, 22,124-136.
72. Habig, W.H., Pabst, M.S. e Jekpoly, W.B. (1974). Glutationa transferase: um primeiro passo enzimático na formação de ácido mercaptúrico. J. Biol. Chem. 249,7130.
73. Elstner, E.F., Youngman, R.J., Obwald, W. (1983). Superóxido dismutase. In: Bergmeyer, H.U. (Ed.), Methods of Enzymatic Analysis, 2nd ed., Verlag Chemie, Weinheim, Germany. Verlag Chemie, Weinheim, Alemanha, pp. 293-302.
74. Goldberg, D.M. e Spooner, R.J. (1992). Glutationa redutase. In: Bergmeyer, H.U. (Ed.), Methods of Enzymatic Analysis, 2ª ed., Verlag Chemie, Weinheim, Alemanha, pp. 258-265. Verlag Chemie, Weinheim, Alemanha, pp. 258-265.
75. Quintanilha, A.T., Packer, L., Davies, J.M., Racanelly, T.L., Davies, K.J. (1982). Membrane effects of vitamin E deficiency: bioenergetic and surface charge density studies of skeletal muscle and liver mitochondria. Annals of the New York Academy of Sciences 393, 32-47.
76. Esterbauer, H. e Cheeseman, K.H. (1990). Determinação dos produtos aldeídicos da peroxidação lipídica: malonaldeído e 4-hidroxinonenal. Meth. Enzymol. 186, 407-421.
77. Carrol, N.V., Longleg, R.W. e Roe, J.H. (1955): Determinação do glicogénio no fígado e no músculo através da utilização do reagente de antrona. J. Biol. Chem., 220: 583-593.
78. Fisher, R.A. (1970). Statistical method for research workers, Edinburg et. 14, Oliver and Boyd P. 140-142.
79. Jukanti A K, Gaur P M, Gowdal C L L, Chibbar R N. 2012.Nutritional quality and health benefits of chickpea (*Cicer arietinum* L.)Br. J. of Nutrn. 108, 11-26.
80. Sriti J, Wannes WA, Talou T, Vilarem G, Marzouk B. (2011). Composição química e actividades antioxidantes dos coentros tunisinos e canadianos (*Coriandrum sativum* L.). J Essent Oil Res 2011; 23: 7-15.
81. Sriti, J., Bettaieb, I. , Bachrouch, O. e Talou,T. (2014). Composição química e atividade antioxidante do bolo de coentro obtido por extrusão. Arab. J. of Chemist. xxx, 1-9.

82. Sohail, M.M., Mohamed R., Mohamed A.H. e Mohamed A. (2023). Atividade antidiabética do extrato aquoso de Chicorium intybus L contra ratos diabéticos induzidos por estreptozotocina. J. Umm-Al-Qura University of applied Science. 9, 565-571.
83. Dwivedi, C., Muller, L.A., Goetz-Parten, D.E., Kasperson, K. e Mistry, V.V. (2003).Chemopreventive effects of dietary mustard oil on colon tumor development.Cancer Lett. 196, 29-34.
84. Veeramani C, Pushpavalli G, Pugalendi KV. (2010). Efeito antioxidante e hipolipidémico in vivo do extrato de folhas de Cardiospermum halicacabum em ratos diabéticos induzidos por estreptozotocina. J Basic Clin Physiol Pharmacol. 21, 107-125.
85. Muthukumran P, Begum VH, Kalaiarasan P. (2011). Atividade anti-diabética dos extractos de folhas de Dodonaea Viscosa (L). Int J Pharmtech Res. 3, 136 - 139.
86. Jideani VA, Diedericks CF. (2014). Propriedades nutricionais, terapêuticas e profiláticas de Vigna subterranea e Moringa oleifera. Em (Ed.), Agentes Antioxidantes-Antidiabéticos e Saúde Humana. Croácia: IntechOpen. 2014. p.187.
87. Famakin O, Fatoyinbo A, Ijarotimi OS, Badejo AA, Fagbemi TN. (2016). Avaliação da qualidade nutricional, índice glicémico, propriedades antidiabéticas e sensoriais de refeições de massa funcional à base de banana (Musa paradisiaca). J. Food Sci. Technol. 53, 3865-3875.
88. El-Eraky W.I. e Yassin N. A. (2001): Hypolipidemic effect of aqueous extract from dried leaves of Morus alba. J. Egypt. Ger. Soc. Zool. 36(A) comparative physiology, 143-153.
89. Reyes-Caudillo, E., Tecante, A. e Valdivia-López, M.A. (2008). Teor de fibra alimentar e atividade antioxidante dos compostos fenólicos presentes nas sementes de chia mexicana (*Salvia hispanica L.*) Food Chem. 107,656-663
90. Sharma B, Balomajumder C, Roy P. (2008). Hypoglycemic and hypolipidemic effects of flavonoid rich extract from Eugenia jambolana seeds on streptozotocin induced diabetic rats. Food Chem Toxicol 46, 2376-2383.
91. Ramadan MF, Kroh LW, Morsel JT. (2003). Radical scavenging activity of black cumin (Nigella sativa L.), coriander (Coriandrum sativum L.), and niger (Guizotia abyssinica Cass.) crude seed oils and oil fractions. J Agric Food Chem 51, 6961-6969.
92. Abdelmoaty, M A, Ibrahim, M A, Ahmed, N S e Abdelaziz , M A (2010). Estudos confirmatórios sobre o efeito antioxidante e antidiabético da quercetina em ratos. Jornal Indiano de Bioquímica Clínica, 25, 188-192.

93. Tsao Rong e Zeyuan Deng (2004). Procedimentos de Separação para Fitoquímicos Antioxidantes de Ocorrência Natural. J, Cheomatography 812, 85-99.
94. Moharib, S. A. e Tadrus, P. H. (2020). Actividades anticancerígenas e citotóxicas dos óleos de sementes produzidos contra várias linhas de células cancerígenas. Palgo J.Med. & Medical Sci. 1, 1-18.
95. SARGI, C., Costa, B., Hevelyse, S., Celestino,M. Paula,S., Fernandes MONTANHER, F., BOEING, S.J. SANTOS, O. JÚNIOR, O., SOUZA,N.E. VISENTAINER, J.V. (2013). Capacidade antioxidante e composição química em sementes ricas em ômega-3:chia, linho e perila. Food Sci. Technol, Campinas, 33, 541-548,
96. Daniewski, M., Jacorzynski, B., Filipek, A., Balas, J., Pawlizka, M. e Mielniczuk, E. (2003). Teor de ácidos gordos em óleos alimentares seleccionados. Roczniki-Panstwowego-Zakladu-Higieny 54, 263 - 267.
97. Bachir, R., G. e Bellil, A. (2017). Triagem fitoquímica preliminar de cinco óleos essenciais comerciais. World J. of Appl. Chemist. 2, 145-151.
98. Shyamapada Mandal e, Manisha Mandal (2015). Óleo essencial de coentros (Coriandrum sativum L.): Química e atividade biológica Asian Pac J Trop Biomed 5, 421-428
99. Dharmalingam R, e Nazni P. (2013). Avaliação fitoquímica das flores de Coriandrum L. Int J Food Nutr Sci 2, 34-39.
100. Yu, J.Q., Lei, J.C. e Zhang, X.Q. (2011).Actividades anticancerígenas, antioxidantes e antimicrobianas do óleo essencial de LycopuslucidusTurcz.var. hirtus Regel. Food Chem.126, 1593-1598.
101. Vasconcelos CF, Maranhão HM, Batista TM, Carneiro EM, Ferreira F, Costa J, et al. (2011). Atividade hipoglicemiante e mecanismos moleculares do extrato da casca de Caesalpinia ferrea Martius na diabetes induzida por estreptozotocina em ratos Wistar. J Ethnopharmacol 137, 1533-41.
102. Narv'aez-Mastache JM, Soto C, Delgado G. (2010). Efeitos hipoglicémicos e antioxidantes da subcoriacina em ratos diabéticos normais e induzidos por estreptozotocina. J Mex Chem Soc. 54, 240-4.
103. Sellamuthu PS, Arulselvan P, Kamalraj S, Fakurazi S, Kandasamy M. (2013). Natureza protetora da mangiferina no estresse oxidativo e no estado antioxidante em tecidos de ratos diabéticos induzidos por estreptozotocina. ISRN Pharmacol 75, 77-87.
104. Andrade, C. A., Helmut, W., Ma Cristina, R., e Islas A. S. (2000). Efeito hipoglicémico das partes aéreas de Equisetum myriochaetum em ratos diabéticos com estreptozotocina. Journal of Ethnopharmacology72, 129-133.

105. Musabayane CT, Mahlalela N, Shode FO, Ojewole JA. (2005). Efeitos do extrato de folhas de Syzygium cordatum (Hochst.) [Myrtaceae] na glicose plasmática e no glicogénio hepático em ratos diabéticos induzidos por estreptozotocina. J Ethnopharmacol 97, 485-490.

Capítulo 2

Efeitos antidiabéticos e antioxidantes do extrato de salsa (*Petroselinum Sativum*) em ratos diabéticos induzidos por estreptozocina

Sorial A. Moharib

Departamento de Bioquímica, Centro Nacional de Investigação, Tahrir St., Dokki, Cairo, Egipto

RESUMO

O presente estudo teve como objetivo investigar o efeito do extrato aquoso de salsa (*Petroselinum sativum*), um legume de consumo comum, como fonte natural antidiabética em ratos diabéticos induzidos por estreptozotocina. Para examinar os seus efeitos antidiabéticos e antioxidantes, foram utilizados no presente estudo quatro grupos de sete ratos albinos machos adultos. Grupo de ratos de controlo normal (N), grupo de ratos de controlo diabéticos induzidos por estreptozotocina (STZ©), grupo de ratos diabéticos tratados oralmente com extrato de salsa (*Petroselinum sativum*) durante 30 dias (STZ/T) e grupo de ratos normais administrados oralmente com extrato de salsa (*Petroselinum sativum*) 30 dias antes da injeção intraperitoneal com STZ (T/STZ).As análises químicas do extrato de salsa (*Petroselinum sativum*) revelaram a presença de quantidades adequadas de fenóis e flavonóides. Os ratos que receberam estreptozotocina (STZ©) apresentaram uma diminuição altamente significativa do peso corporal em comparação com os grupos de ratos N. STZ/T e T/STZ apresentaram uma diminuição significativa do peso corporal, mas inferior à da STZ©. O nível de glucose em STZ© (ratos diabéticos) aumentou mais de 3 vezes em alguns dias. O aumento dos níveis de glicose em STZ© foi considerado altamente significativo em comparação com N. Os níveis elevados de glicose em STZ© diminuíram significativamente após a administração oral de extrato de salsa (*Petroselinum sativum*) (STZ/T e T/STZ). O teor de glicogénio hepático aumentou significativamente devido à administração oral de extrato aquoso de salsa (*Petroselinum sativum*) (STZ/T e T/STZ) em comparação com a STZ ©. Os resultados mostraram um maior aumento significativo dos níveis de ALP. AST, ALT e γ-GT na STZ©. Os resultados também mostraram reduções significativas nos níveis de ALP, AST, ALT e γ-GT nos grupos de ratos STZ/T e T/STZ em comparação com os dos grupos de ratos STZ©. Os grupos de ratos STZ/T e T/STZ evidenciam efeitos de redução nos níveis séricos de lípidos totais (LT), colesterol total (CT), colesterol de lipoproteínas de baixa densidade (LDL-C) e triglicéridos (TG). Foi observado um aumento significativo do nível de colesterol de lipoproteínas de alta densidade (HDL-C). A peroxidação lipídica

determinada por TBARS estava aumentada no plasma de STZ© do que no de N. A peroxidação lipídica determinada por TBARS estava diminuída no plasma de STZ/T e T/STZ. A TBARS no fígado e nos rins estava altamente aumentada na STZ© do que na N. A TBARS no fígado e nos rins da STZ/T e da T/STZ estava altamente reduzida do que na STZ©. A TBARS no coração aumentou na STZ© em relação à N. A TBARS no coração da STZ/T e da T/STZ diminuiu muito em relação à STZ©. A atividade da glutationa redutase (GSH-R) aumentou no fígado e nos rins. Observou-se um aumento significativo da atividade da glutationa peroxidase (GSH-P) no fígado e nos rins. Observou-se um maior aumento da atividade da superóxido dismutase (SOD) no fígado e nos rins dos grupos de ratos T/STZ e T/STZ. Estes resultados demonstram que o extrato de salsa (*Petroselinum sativum*) tem um efeito antioxidante na redução da peroxidação lipídica no plasma e nos tecidos e melhora a função hepática e as enzimas antioxidantes nos grupos de ratos T/STZ e T/STZ em comparação com o rato diabético (STZ©). De acordo com estas observações, a utilização do extrato de salsa (*Petroselinum sativum*) pode ser recomendada como agente antidiabético, antioxidante e com atividade hipolipidémica. Além disso, a salsa (*Petroselinum sativum*) é um alimento de consumo comum que pode reduzir o risco de morte por diferentes doenças.
Palavras-chave: Antidiabético, Diabetes, Antioxidante, Salsa, Hipolipidémico, Ratos.

1. INTRODUÇÃO

A diabetes mellitus (DM) é uma doença metabólica crónica caracterizada por níveis elevados de glicose no sangue e complicações generalizadas. É a maior doença endócrina do mundo associada a um aumento das taxas de morbilidade e mortalidade [1, 2]. A diabetes mellitus foi definida como uma síndrome de metabolismo anormal dos hidratos de carbono, proteínas e lípidos que resulta em hiperglicemia com complicações metabólicas e ortopédicas agudas que afectam muitos órgãos do corpo [3, 4]. A hiperglicemia crónica da diabetes está associada a danos a longo prazo, disfunção e falência de vários órgãos [5]. A diabetes mellitus tipo 2 está associada a um aumento do stress oxidativo [6, 7]. Foi sugerido que os radicais livres, os peróxidos lipídicos e a oxidação das lipoproteínas de baixa densidade (LDL) desempenham um papel no aumento do risco de doença cardiovascular associado à diabetes mellitus tipo 2. A concentração sanguínea elevada de colesterol, especialmente no LDL, constitui o principal fator de risco para a aterosclerose e a disfunção endotelial [6, 8]. Na diabetes, a diminuição do metabolismo da glucose pode levar a um aumento da produção de radicais hidroxilo. Os radicais livres produzidos podem reagir com ácidos gordos polinsaturados nas membranas celulares, levando à peroxidação lipídica [7, 9]. Os radicais livres são moléculas reactivas capazes de existir independentemente, incluindo o óxido de cobre, os radicais hidroxilo e o peróxido de hidrogénio [10]. Os processos metabólicos endógenos, especialmente nas inflamações crónicas, são fontes importantes de radicais livres [11], que podem reagir com e danificar todos os tipos de biomoléculas como lípidos, proteínas, hidratos de carbono e ADN [12,13]. Sabe-se que os principais factores de risco de doenças cardiovasculares, como a hipercolesterolemia, prejudicam as funções endoteliais através do aumento da produção de radicais livres de oxigénio [14] e, consequentemente, elevam os peróxidos lipídicos e estão envolvidos na aterogénese [15]. No entanto, os danos oxidativos das proteínas, do ADN e dos lípidos estão associados a doenças crónicas degenerativas, incluindo a diabetes, a doença coronária e o cancro [16]. Assim, um aumento dos antioxidantes, que podem eliminar os radicais livres, pode ser encorajado a prevenir a fase inicial da aterosclerose [6, 17]. Pensa-se que a chave para prevenir ou reduzir o stress oxidativo é manter o equilíbrio entre os antioxidantes e os níveis de oxidantes endógenos [17].

Os fitoquímicos combinados nos alimentos vegetais têm uma variedade de mecanismos de ação, incluindo efeitos na atividade antioxidante, nos radicais livres e no ciclo celular [18]. No entanto, a grande diversidade e complexidade dos fitoquímicos nos frutos e legumes contribuem para estes efeitos e recomenda-se a ingestão de cinco ou mais porções de frutos e legumes para manter uma saúde óptima. Os polifenóis têm um interesse considerável no domínio da química alimentar, da farmácia e da medicina devido a uma vasta gama de efeitos biológicos favoráveis, incluindo propriedades antioxidantes [19, 20]. Os polifenóis absorvidos podem ligar-se ao LDL plasmático e protegê-lo da oxidação [21, 22]. Estudos recentes correlacionam o aumento dos níveis dietéticos de compostos fenólicos com a redução da mortalidade por doença coronária [22]. Existe uma associação entre o aumento do consumo de legumes e frutos ricos em antioxidantes e a redução do risco de doença cardiovascular [11]. Os flavonóides são um grupo de compostos polifenólicos e categorizados em várias subclasses, incluindo flavonas, flavonóis, flavanonas, isoflavanonas, isoflavanóides, antocianidinas e catequinas [19]. Os flavonóides são constituintes essenciais das células de todas as plantas superiores e possuem uma estrutura química ideal para a eliminação dos radicais livres [18]. Os flavonóides, em particular a querstina, são muito presentes nos legumes e têm sido considerados como ingredientes activos que protegem contra algumas doenças [23]. Um flavonoide diferente, a querstina, utilizado em doses de 15-50 mg/kg de massa corporal, foi capaz de normalizar o nível de glicose no sangue, aumentar o teor de glicogénio no fígado e reduzir significativamente o colesterol sérico e a concentração de LDL em ratos diabéticos [24].

Estudos clínicos e experimentais documentaram os efeitos antidiabéticos e antiateroscleróticos de diferentes plantas [25, 26], relataram que a intervenção dietética é uma das principais terapias propostas no caso da diabetes tipo 2 e, por conseguinte, diferentes substâncias de origem vegetal estão a ganhar importância para o tratamento de indivíduos diabéticos e em animais que envolvem ratos diabéticos induzidos por produtos químicos [16, 27]. Um estudo recente demonstrou que a ingestão de algumas plantas em ratos provoca um aumento da atividade das enzimas antioxidantes e do colesterol HDL, mas apresenta uma diminuição do malondialdeído, o que pode reduzir o risco de doenças cardíacas [11]. Nos últimos tempos, muitas plantas medicinais importantes tradicionalmente utilizadas foram testadas quanto ao seu potencial antidiabético através de várias investigações em animais experimentais [26, 28]. *A Eruca sativa* possui um potente antioxidante de eliminação de radicais livres e protege contra danos oxidativos aumentando ou mantendo os níveis de moléculas antioxidantes e enzimas antioxidantes [29]. O presente estudo foi concebido para investigar o extrato de salsa (*Petroselinum sativum*) relativamente a actividades antidiabéticas e de enzimas antioxidantes em ratos diabéticos induzidos por estreptozotocina.

2. MATERIAIS E MÉTODOS

2.1. Materiais

Uma salsa fresca (*Petroselinum sativum*) como planta inteira foi obtida localmente e lavada com água da torneira seguida de água destilada e cortada em pequenos pedaços. Todos os produtos químicos utilizados nesta experiência foram adquiridos à Sigma Chemical Company (EUA).

2.2. Preparação do extrato aquoso

Um peso conhecido de salsa fresca (*Petroselinum sativum*) foi triturado num triturador de alimentos (picador) e misturado bem com água quente (1:1 v/v) duas vezes utilizando um homogeneizador durante 10 min. O homogenato foi filtrado através de um pano de queijo e de papel de filtro Whatman n.º 1, seguido de centrifugação durante 30 minutos a 5000 rpm. O sobrenadante foi seco na estufa a 40°C para obter um pó. O extrato obtido em condições óptimas foi utilizado para a determinação de fenólicos e flavonóides totais e utilizado para administração oral aos ratos. O resíduo sólido foi seco e armazenado num exsicador até ser utilizado.

2.3. Animais

Vinte e oito ratos albinos machos (*Rattus norvgicus*), pesando cerca de 190,10±1,2 g, foram adquiridos à Biological Products of National Research

Centre, Egipto. Após uma semana de aclimatação, os ratos foram então divididos em quatro grupos, 7 ratos cada, com base no seu peso corporal, e alojados em gaiolas de tela metálica.

2.4. Métodos analíticos

A concentração de proteínas foi medida [30] utilizando albumina de soro bovino como padrão. Os lípidos foram extraídos com uma mistura de clorofórmio e metanol (2:1 v/v), de acordo com o método previamente descrito [31]. O valor total de hidratos de carbono foi também estimado [32]. As cinzas foram quantificadas gravimetricamente após incineração num forno mufla a 550°C. Os fenólicos e os flavonóides foram extraídos com metanol a 80%, num banho de ultra-sons durante 20 minutos e centrifugados durante 5 minutos a 14000 rpm. [33]. O conteúdo fenólico total (TPC) também foi estimado [34]. O teor total de flavonóides (TFC) foi estimado espectrofotometricamente [35]. Os flavonóides foram identificados utilizando a quercetina, a apigenina e a catequina como padrão [36].

2.5. Indução do animal de laboratório

A injeção intra-peritoneal de estreptozotocina (60 mg/kg de peso corporal) exerce uma toxicidade direta e provoca uma hiperglicemia permanente no prazo de 72-96 horas [37Bagri et al., 2009]. Uma solução recentemente preparada de estreptozotocina (60mg/kg) dissolvida em tampão citrato frio 0,1mol/L, pH 4,5, foi injectada intra-peritonealmente em ratos. Após 96 horas de administração de estreptozotocina (STZ), obteve-se sangue e mediu-se a glucose plasmática. A diabetes foi confirmada pela determinação da concentração de glucose em jejum no quarto dia após a administração de estreptozotocina (STZ). Os ratos com um nível de glucose no plasma superior a 200-300mg/dl foram considerados ratos diabéticos com STZ (diabetes). Todos os ratos normais e diabéticos com STZ (diabetes) foram utilizados na presente experiência. O primeiro grupo foi utilizado como ratos normais (N) e recebeu água destilada diariamente. O segundo e o terceiro grupos foram injectados com STZ intra-peritoneal (60mg/kg de peso corporal).O segundo grupo foi mantido sem qualquer tratamento durante o período experimental (30 dias) e utilizado como ratos de controlo diabéticos com STZ (STZ©), o terceiro grupo diabético (STZ/T) foi tratado por via oral com extrato de salsa (*Petroselinum sativum*) (200 mg/kg de peso corporal) durante 26 dias e o quarto grupo ((T/STZ) foi tratado por via oral com extrato de salsa (*Petroselinum sativum*) diariamente durante 26 dias, uma vez por dia antes da injeção intra-peritoneal com 60 mg/kg de STZ [3]. Todos os animais tiveram livre acesso a água da torneira e a uma dieta de pellets e foram mantidos à temperatura ambiente em gaiolas de plástico. Ao fim de 30 dias, a comida foi retirada e o peso corporal dos ratos foi registado. No final da experiência, os ratos foram mortos e o coração, os rins e o fígado foram imediatamente retirados e pesados.

2.6. Digestibilidade das proteínas e dos lípidos

Durante o período de alimentação (6 semanas), as fezes dos ratos foram recolhidas e secas numa estufa a 105°C, recolhidas, pesadas e testadas. O ganho de peso e a ingestão de alimentos também foram calculados [20].

2.7. Amostras de sangue e de tecidos

No final do período experimental [30 dias], e após uma noite de jejum, sete ratos de cada grupo foram anestesiados com nesdonal de sódio (60 mg/kg de peso corporal). As amostras de sangue foram colhidas utilizando tubos capilares do plexo venoso retro-orbital dos ratos e o plasma foi obtido por centrifugação a 10000g durante 20 min utilizando uma centrífuga de arrefecimento (Sigma 2K15) e utilizado para a estimativa da glucose e de diferentes parâmetros. As amostras de plasma a - 60ºC foram analisadas quanto à glutationa (GSH) e às actividades da glutationa-S-transferase (GSH-T), da glutationa-peroxidase (GSH-P), da glutationa (GSH-R), da superóxido dismutase (SOD) e das substâncias reactivas ao ácido tiobarbitúrico (TBARS). Os tecidos do fígado, dos rins e do coração foram imediatamente removidos, pesados e lavados com solução salina (0,9%) e armazenados a -70°C até serem utilizados. Os tecidos do fígado, dos rins e do coração foram picados e homogeneizados (10% p/v) separadamente com tampão de fosfato de sódio e potássio frio (0,01M, pH 7,4) utilizando um homogeneizador (Mechanika precyzyjna warszawa modelo MPW-309, Polónia). Os homogenatos foram centrifugados a 10 000 g durante 20 minutos a 4ºC e os sobrenadantes resultantes foram utilizados para estimar as actividades das enzimas antioxidantes e os níveis de TBARS (como marcador da peroxidação lipídica).

2.8. Ensaios bioquímicos

O nível de glucose no sangue foi estimado [38Trinder 1969a]. Os lípidos totais (LT) foram analisados [39] e o colesterol total (CT) [40]. Os níveis de colesterol de lipoproteínas de alta densidade (HDL-C), de colesterol de lipoproteínas de baixa densidade (LDL-C) e de triglicéridos (TG) foram também estimados utilizando o kit Biodiagnostic [41, 42]. As actividades da fosfatase alcalina (ALP), da alanina amionotransferase (ALT) e da aspartato amino transferase (AST) foram medidas utilizando o kit Biodiagnostic [43]. A glutiona reduzida (GSH) foi determinada [44Moron et al. 1979] e expressa em µmol/mg de proteína. Foi também avaliada a atividade da GSH-T (EC 2.5.1.18) e da GSH-P (EC1.11.1.9) no plasma e nos homogenatos dos tecidos do fígado, dos rins e do coração [45, 46]. A atividade da SOD (EC 1.15.1.1) foi medida pelo procedimento de oxidação do NADH [47]. A atividade da GSH-R (EC 1.6.4.2) foi avaliada utilizando o método descrito anteriormente [48]. A peroxidação lipídica (LP) foi estimada através da medição das concentrações de substâncias reactivas ao ácido tiobarbitúrico (TBARS) utilizando o malondialdeído (Sigma com.) como padrão [49]. O teor de glicogénio do fígado foi determinado pelo método da antrona [50].

2.9. Análise estatística

Os dados obtidos para vários parâmetros bioquímicos foram analisados estatisticamente utilizando o teste t de Student [51]. Os resultados foram expressos como valor médio ± SE e uma diferença de $P < 0,05$ e $P < 0,01$ foi considerada significativa (*) e mais significativa (**).

3. RESULTADOS E DISCUSSÃO

3.1. Análise química do extrato de salsa (*Petroselinum sativum*)

As plantas são utilizadas há séculos por doentes diabéticos na Índia, na Rússia, no Egipto e em muitos outros países. O extrato aquoso de materiais vegetais foi descrito como agente hipoglicémico e hipolepidémico [5, 28, 12], sendo considerado eficaz e não tóxico. A salsa (*Petroselinum sativum*) contém quantidades adequadas de hidratos de carbono (64,60 ± 2,80 g %), proteínas (14,30 ± 0,80%) e lípidos (4,30 ± 0,10 g %). Estes resultados estão de acordo com os relatados por outros investigadores [20, 52]. Os resultados também mostraram que o extrato de salsa (*Petroselinum sativum*) contém quantidades adequadas de polifenóis e flavonóides (59,2 ±0,1 e 5,8±0,2 g/kg, respetivamente), conforme registado na Tabela (1). Estes resultados estão de acordo com os registados por outros investigadores [19, 23]. O resultado obtido a partir da estimativa dos teores totais de polifenóis e flavonóides mostrou que a água é um solvente adequado para a extração de fenóis e flavonóides. Estes resultados estão de acordo com o estudo anterior [24] que mostrou que os fenólicos e os flavonóides são geralmente melhor extraídos utilizando água ou uma mistura de água e álcoois. A análise cromatográfica revelou que existem diferentes valores de flavonóides individuais (quercetina > apigenina > catequina) no extrato de salsa (*Petroselinum sativum*). Foram obtidos resultados semelhantes por outros investigadores [52, 53]. O presente estudo examinou a possível utilidade do extrato de salsa (*Petroselinum sativum*) para tratar e proteger contra o efeito diabético da STZ e o seu efeito em algumas enzimas antioxidantes.

QUADRO 1- Composição química do extrato de salsa (*Petroselinum sativum*).

Componentes	Peso seco (g/100g)
Proteína	23.30±0.80

Lípidos	4.30±0.10
Cinzas	11.40±0.60
Hidratos de carbono totais	54.60±2.80
Polifenóis totais	5.92±0.10
Total de flvonoides	0.58±0.20

Média de cinco amostras (Média ±SE).

A estreptozotocina (STZ) é bem conhecida pela sua toxicidade celular selectiva e tem sido amplamente utilizada na indução da diabetes mellitus em animais, resultando em mais de 90% de ratos que se tornam diabéticos [44], tendo sido relatado que a injeção intra-peritoneal de STZ aumentou gradualmente o nível de glucose plasmática até atingir o seu máximo em poucos dias. A estreptozotocina (STZ) é normalmente utilizada para a indução experimental da diabetes mellitus (DM), que provoca uma citotoxicidade selectiva das células β dos ilhéus pancreáticos, mediada pela libertação de óxido nítrico. Isto resulta numa rápida redução da concentração de nucleótidos de piridina nos ilhéus pancreáticos e subsequente necrose das células β. A ação da STZ nas mitocôndrias gera aniões SOD, o que conduz a complicações diabéticas [13].

3.2. Peso corporal

Em geral, a diabetes caracteriza-se pela perda de peso, o que se verificou no presente estudo. A administração de estreptozotocina (STZ) provocou uma redução acentuada do peso corporal dos ratos (Tabela 2) em comparação com o grupo de ratos normais (N). Verificou-se que estes pesos corporais reduzidos aumentaram quando comparados com o respetivo grupo de controlo diabético (STZ©) e este aumento foi considerado estatisticamente significativo nos ratos que receberam extrato de salsa (*Petroselinum sativum*) contendo compostos fenólicos (Quadro 2). Foram obtidos resultados semelhantes por outros investigadores utilizando diferentes extractos de plantas [13, 14].

TABELA 2. Peso corporal, ganho de peso e pesos dos órgãos dos ratos experimentais.

(Valores médios para 7 ratos/ cada 2 semanas/ grupo)

Parâmetros	Grupos experimentais			
	N	STZ ©	STZ / T	T / STZ
Peso corporal (g)	222.20±3.20	202.40±3.40**	212.20±2.60*	216.80±2.60*
Ganho de peso (g)	32.10±0.10	12.40±0.80**	22.10±0.40**	26.40±0.60**
Peso do fígado (g)	9.60±1.20	8.80±1.10	9.40±0.80	9.20±1.10
Peso dos rins (g)	1.30±0.04	1.14±0.06	1.24±0.02	1.26±0.80
Peso do coração (g)	0.94±0.01	0.92±0.01	0.88±0.01	0.90±0.01

* Significativo (P< 0,05) ** Muito significativo (P< 0,01)

Os resultados da Tabela (2) mostram que o peso corporal e o ganho de peso foram significativamente mais elevados nos ratos tratados (STZ/T e T/STZ) em comparação com a STZ © (Tabela 2). Pode observar-se que a STZ diminuiu significativamente o aumento de peso (12,40±0,80) do que o dos grupos de ratos N (32,10±0,10). A diminuição do peso corporal nos ratos diabéticos foi causada pela degradação estrutural das proteínas devido à alteração do metabolismo dos hidratos de carbono [54]. Os valores do peso corporal em ratos que receberam doses de extrato de salsa (*Petroselinum sativum*) (STZ/T e T/STZ) foram inferiores aos do grupo de ratos N, mas superiores aos do grupo STZ ©. O ganho de peso dos grupos de ratos que receberam extrato de salsa (*Petroselinum sativum*) (STZ/T e T/STZ, respetivamente) aumentou significativamente (22,10±0,40, 26,40±0,6) em comparação com os do grupo STZ © (12,40±0,80). Os ratos diabéticos tratados com extrato de salsa (*Petroselinum sativum*) (STZ/T e T/STZ) aumentaram o peso corporal. Um aumento no peso corporal de ratos diabéticos tratados pode dever-se a uma melhoria do controlo glicémico e a um aumento da síntese de proteínas estruturais (55). Estes resultados são consistentes com outros estudos [13,20], que sugeriram anteriormente que *a Spinocia oleracea* e a *Swertia corymbosa* tinham efeitos de redução na taxa de crescimento dos ratos. Pode concluir-se que estas diferenças estão definitivamente relacionadas com a presença de diferentes tipos e constituintes de polifenóis e compostos flvonóides [24]. A diminuição do peso corporal devido à STZ observada no presente estudo foi relatada anteriormente [26]. No entanto, foi relatado que os compostos polifenólicos exercem um efeito inibitório sobre o crescimento, diminuindo a digestibilidade das proteínas [25]. Outros investigadores não encontraram alterações no crescimento de ratos que receberam vários materiais ricos em polifenóis [21]. O extrato de salsa (*Petroselinum sativum*) não causou quaisquer alterações significativas no peso dos diferentes órgãos dos grupos de ratos (STZ/T e T/STZ) em comparação com o grupo de controlo N. Assim, no presente estudo, os resultados sugerem que o extrato de salsa (*Petroselinum sativum*) é biodisponível e possui um potencial significativo para prevenir a perda de peso induzida pela STZ.

3.3. Digestibilidade das proteínas e dos lípidos

A digestibilidade das proteínas e dos lípidos foi reduzida em 13,6 % e 15,1 %, respetivamente (Quadro 3), no grupo de ratos STZ ©, em comparação com os do grupo de ratos normais (N). Os grupos de ratos que receberam extrato de salsa (*Petroselinum sativum*) (STZ/T e T/STZ) apresentaram um aumento significativo mais elevado da digestibilidade das proteínas e dos lípidos (94,80±0,86, 90,40±0,84 e 92,40±0,62, 94,20±0,60, respetivamente) em comparação com os do grupo STZ ©, mas inferior ao do grupo de ratos normais (96,20±1,10 e 95,80±0,40, respetivamente). Os presentes resultados estão de acordo com os relatados por outros investigadores [20, 56]. Estes efeitos podem ser atribuídos à presença de polifenóis e favonóides que antagonizaram significativamente o efeito da STZ na DM.

TABELA 3- Digestibilidade proteica e lipídica dos ratos experimentais. (Valores médios para 7 ratos/ cada 2 semanas/ grupo).

Ingrediente	Grupos experimentais			
	N	STZ ©	STZ / T	T / STZ
Digestibilidade proteica (%)	96.20±1.10	82.60±0.80	94.80±0.86	92.40±0.62
Digestibilidade dos lípidos (%)	95.80±0.40	80.70±0.60	90.40±0.84	94.20±0.60

* Significativo (P< 0,05) ** Altamente significativo (P< 0,01)

3.4. Parâmetros sanguíneos

A estreptozotocina (STZ) é normalmente utilizada para a indução experimental da diabetes mellitus (DM) tipo I. A STZ provoca a destruição das células do pâncreas e o aumento dos níveis de glucose no sangue. É evidente a partir da presente investigação que a administração de STZ na dose de 60 mg/kg de peso corporal causa diabetes em ratos albinos machos. Os níveis de glucose nos ratos diabéticos com STZ© aumentaram mais de 3 vezes (357,6 ±4,20) em comparação com os ratos N (116,5 ±2,15) no 3.º dia. Curiosamente, o aumento dos níveis de glucose no grupo de ratos diabéticos (STZ ©) foi considerado altamente significativo em comparação com o grupo de ratos N (Quadro 4). Estes níveis elevados de glicose no sangue nos ratos diabéticos diminuíram significativamente após a administração oral de extrato de salsa (*Petroselinum sativum*) (STZ/T e T/STZ). Verificou-se que os níveis de glicose no sangue diminuíram de 357,6 ±4,20 (STZ©) para 131,8±2,13, 122,20±1,80 mg/dl (STZ/T e T/STZ respetivamente). A redução do nível de glicose após a administração oral de extrato aquoso de salsa (*Petroselinum sativum*) durante 30 dias foi de 66,80%. Estes resultados são atribuídos à presença de polifenóis e flavonóides no extrato de salsa (*Petroselinum sativum*) [Quadro 1]. A administração oral de extrato aquoso de *Balanites aegyptiaca* durante 26 dias a ratos diabéticos induziu uma diminuição altamente significativa do nível de glicose no soro em comparação com o grupo de controlo, tal como os presentes resultados (Quadro 4). Observou-se uma diminuição significativa na concentração média de glucose plasmática após a administração de diferentes doses de extrato aquoso e extrato alcoólico de diferentes plantas [3, 16, 26]. O extrato aquoso de *Phaseolus vulgaris*, que contém cerca de 50mg/100g de flavonóides, possui uma atividade anti-hiperglicémica [57]. A quercetina, um flavonoide, utilizada em doses baixas, demonstrou ser capaz de prevenir a hiperglicemia induzida por STZ e normalizar o nível de glucose no sangue em ratos diabéticos [58].

No que diz respeito ao teor de glicogénio hepático, verificou-se um aumento altamente significativo devido à administração oral de extrato aquoso de salsa (*Petroselinum sativum*) (STZ/T e T/STZ) em comparação com o controlo, como se mostra no quadro (4). A ação hipoglicémica observada nos ratos que receberam o extrato aquoso de salsa (*Petroselinum sativum*) pode dever-se à elevação do glicogénio hepático observada nos grupos de ratos STZ/T e T/STZ, o que indica um aumento do armazenamento de glicose [3,11]. Além disso, o efeito hipoglicémico do extrato aquoso de salsa (*Petroselinum sativum*) pode ser atribuído a um aumento do tempo de absorção da glicose pelo intestino [52, 59], tendo sido referido que a atividade hipoglicémica pode ser devida ao efeito do extrato na redução intestinal da absorção da glicose. O resultado atual é coerente com os resultados de outros investigadores que referiram que a ação hipoglicémica do extrato de plantas em ratos diabéticos pode ser possível através da estimulação da absorção de glicose pelo tecido periférico, da inibição da produção endógena de glicose ou da ativação da gluconeogénese no fígado e nos músculos [8,60]. As conclusões significativas do presente estudo são que o extrato aquoso de salsa (*Petroselinum sativum*) na dose de 200 mg/kg de peso corporal durante 26 dias mostrou um efeito benéfico não só na glicemia, mas também no ganho de peso corporal e no peso dos tecidos do fígado, dos rins e do coração em ratos diabéticos induzidos por STZ. Semelhante às nossas observações, foi relatada a atividade antidiabética do *Aloé vera* em ratos diabéticos induzidos por estreptozotocina [13]. Além disso, diferentes flavonóides, utilizados em doses de 15-50 mg/kg de massa corporal, foram capazes de normalizar o nível de glicose no sangue e aumentar o conteúdo de glicogénio hepático em ratos diabéticos com STZ [24].

QUADRO 4 - Níveis de glicose, ALP, ALT e AST no plasma de ratos experimentais.

(Valores médios para 7 ratos / grupo).

Parâmetros	Grupos experimentais			
	N	STZ ©	STZ / T	T / STZ
Glicose (mg/dl)	116.5 ±2.15	357.6 ±4.20**	131.8±2.13**	122.20±1.80**

Glicogénio hepático (mg/g)	9.40±0.62	6.82±0.78*	12.8±0.68*	12.0±0.80*
ALP (UI/L)	140.1±3.14	276.45±3.97**	144.04±2.30**	133.1±2.20**
ALT (U/ml)	58.90±1.01	96.85±1.59**	29.5±1.80**	24.30±0.88**
AST (U/ml)	65.80±1.59	98.40±0.98**	38.80±0.79**	32.94±0.61**
γ-GT U/l	28.68±1.70	78.42±1.40**	22.84±1.60**	24.40±1.04**

* Significativo (P< 0,05) ** Altamente significativo (P< 0,01)

As transaminases são os biomarcadores mais sensíveis diretamente implicados na extensão dos danos celulares e da toxicidade [61]. No presente estudo, os parâmetros da função hepática e alguns aspectos do metabolismo dos hidratos de carbono, das proteínas e dos lípidos foram estudados em ratos normais e diabéticos que receberam extrato aquoso de salsa (*Petroselinum sativum*) numa dose de 200mg/kg (Quadro 4). Estes resultados revelaram um aumento significativo mais elevado dos níveis de ALP no grupo de ratos diabéticos (STZ©) após a administração de 60 mg/kg de STZ (276,45±3,97 UI/L) em comparação com os do grupo de ratos normais N de controlo (140,1±3,14 UI/L). Os níveis de AST e ALT apresentaram um aumento significativo mais elevado no grupo STZ© (98,40±0,98 e 96,85±1,59 U/ml, respetivamente) em comparação com os do grupo de ratos de controlo N (65,80±1,59 e 58,90±1,01 U/ml, respetivamente). Um aumento das actividades de AST, ALT e ALP no plasma pode dever-se principalmente à fuga destas enzimas do fígado para o sangue, o que dá uma indicação do efeito hepatotóxico [54, 61], que relataram a capacidade da STZ para causar alterações na atividade destas enzimas. Contudo, a toxicidade hepática da STZ é caracterizada pela elevação das transaminases séricas.

Verificou-se que os níveis de ALP nos grupos de ratos STZ/T e T/STZ diminuíram significativamente (144,04±2,30 e 133,1±2,20 UI/L) em comparação com os de STZ© (276,45±3,97 UI/L). Os resultados da Tabela (4) mostraram reduções significativas nos níveis de AST e ALT nos grupos de ratos STZ /T e T/STZ em comparação com os dos grupos de ratos N e STZ©. Os presentes resultados também mostraram uma maior diminuição significativa dos níveis de γ-GT (22,84±1,60 e 24,40±1,04 U/l) nos grupos de ratos STZ/T e T/STZ em comparação com os do grupo de ratos diabéticos STZ© (78,42±1,40U/l). A diminuição das actividades de ALT, AST e γ-GT foi atribuída a uma melhoria da função hepática [13,54], que relatou que o tratamento dos ratos diabéticos com o extrato aquoso de algumas plantas herbáceas restaurou as actividades de AST, ALT e ALP para o seu nível normal no plasma, no fígado e nos testículos de ratos diabéticos [54]. A presença de extrato de salsa (*Petroselinum sativum*) com STZ minimizou o seu efeito tóxico nas enzimas plasmáticas e hepáticas para atingir os níveis de controlo (Tabela 4). O tratamento dos ratos diabéticos com extrato de salsa (*Petroselinum sativum*) (STZ/T e T/STZ) reduziu a atividade destas enzimas em comparação com as do grupo de ratos diabéticos (STZ©) e, consequentemente, aliviou os danos no fígado causados pela diabetes induzida por STZ.

TABELA 5 - Níveis de TL, CT, HD-C, LD-C e TG no plasma de ratos experimentais.

(Valores médios para 7 ratos / grupo).

Parâmetros	Grupos experimentais			
	N	STZ ©	STZ /T	T/ STZ
TL (mg %)	452.2±6.20	610.6±8.25**	462.2±3.07**	456.20±2.27**
CT (mg %)	141.4±2.44	186.8±2.01**	150.4±1.80**	143.4±2.01**
HDL-C (mg %)	40.80±0.90	26.60±1.01**	46.80±1.04**	50.20±1.10**
LDL-C (mg %)	35.40±1.20	68.40±1.60**	50.40±1.40**	46.20±1.20**
TG (mg %)	100.10±3.16	193.2±3.33**	130.2±2.78**	120.4±2.60**

* Significativo (P< 0,05) ** Altamente significativo (P< 0,01)

A hiperlipidemia é um dos principais factores de risco da aterosclerose e da disfunção endotelial [8]. A hipertrigliceridemia e a hipercolesterolemia são os principais factores de risco do estado diabético envolvidos no desenvolvimento da aterosclerose e da doença coronária, que são as complicações secundárias da diabetes [9]. Os presentes resultados mostraram que os ratos que foram injectados com STZ apresentaram aumentos significativos mais elevados nos níveis de TL, TC, TG e LDL-C em comparação com os do grupo N (Tabela 5). Foram observadas reduções altamente significativas na TL plasmática (22,41-25,2%) e no CT (24,80-28,6%) dos ratos que receberam extrato de salsa (*Petroselinum sativum*) (STZ/T e T/STZ) em comparação com os dos grupos de ratos N e STZ©. Os presentes resultados também mostraram que os ratos que receberam extrato de salsa (*Petroselinum sativum*) (STZ/T e T/STZ) tinham um teor plasmático de HDL-C mais elevado (46,8 e 50,2 mg/dl, respetivamente) do que o do grupo STZ© (26,60±1,01mg/dl). O rácio TC/HDL-C, que é um marcador de dislipidemia, foi cerca de 3 vezes inferior nos grupos de ratos STZ/T e T/STZ em comparação com STZ©. A maior redução nos níveis de LDL-C (26,32-32,46%) no plasma dos grupos de ratos STZ /T e T/STZ (Quadro 5) significa que o extrato de salsa (*Petroselinum sativum*) teve efeitos de redução na incidência de aterosclerose coronária e reduziu o fator de risco de doenças cardiovasculares [8, 16]. As razões para os teores plasmáticos mais baixos de LDL-C em ratos que receberam extrato de salsa

(*Petroselinum sativum*) podem ter sido a elevação da absorção de LDL-C pelo fígado [62]. Esforços de colaboração anteriores mostraram que os flavonóides inibem a oxidação do LDL-C, o que sugere que a atividade hipolipidémica e antioxidante pode estar relacionada com os compostos fenólicos do extrato de salsa (*Petroselinum sativum*). Estes resultados estão de acordo com outra investigação [22]. Vários investigadores sugeriram fortemente o consumo de componentes purificados, o que poderia ser benéfico em termos de redução da aterosclerose aórtica [15, 63], tendo os estudos clínicos e em animais sugerido anteriormente que *o psyllum* e *o ruibarbo* podem ser potencialmente um agente hipocolesterolémico. Consistente com estas descobertas, o efeito de redução do colesterol do extrato de salsa (*Petroselinum sativum*) (22-25%) utilizado foi elucidado neste estudo (Tabela 5). Observou-se uma diminuição significativa mais elevada no nível de TG (32,6-37,7%) dos ratos que receberam extrato de salsa (*Petroselinum sativum*) (STZ/T e T/ STZ respetivamente) em comparação com os dos grupos de ratos N e STZ©. Os presentes resultados estão de acordo com os relatados por outros investigadores que relataram que o extrato de *Ajuga iva* reduziu os TG plasmáticos em 31% [20, 56]. Estes efeitos podem ser atribuídos à presença de polifenóis e flavonóides, o que leva ao papel do extrato de salsa (*Petroselinum sativum*) no aumento da mobilização de lípidos dos vasos sanguíneos para o fígado ou na diminuição do mecanismo de lipogénese no fígado e na diminuição da mobilização de lípidos do fígado para os vasos sanguíneos [20]. Assim, o extrato aquoso de salsa (*Petroselinum sativum*) pode ter um potencial para reduzir as complicações cardiovasculares a longo prazo em condições diabéticas. Vários estudos estabeleceram que as substâncias fenólicas actuam na prevenção do desenvolvimento da aterosclerose [63]. Além disso, a redução da TL, CT e TG nos ratos diabéticos do presente estudo pode ser atribuída ao aumento da depuração e à diminuição da produção dos principais transportadores de CT e TG sintetizados endogenamente [54]. Um efeito semelhante foi relatado por outros investigadores [4, 5]. Todas estas observações indicaram o efeito hipolipidémico do extrato de salsa (*Petroselinum sativum*). Por conseguinte, o efeito hipolipidémico do extrato de salsa (*Petroselinum sativum*) em ratos foi observado na presente investigação e pode ser valioso para a proteção contra a hiperglicemia e as doenças cardiovasculares da STZ induzida.

3.5. Teores de TBARS no plasma e nos tecidos

As substâncias reactivas ao ácido tiobarbitúrico (TBARS) são produzidas pela peroxidação lipídica e são consideradas como indicadores de stress oxidativo [64]. O efeito antioxidante de um extrato aquoso de uma planta utilizada na medicina ayurvédica em diferentes países foi estudado em ratos com diabetes induzida por estreptozotocina. A administração oral de extrato de salsa (*Petroselinum sativum*) (200 mg/kg de peso corporal) durante 26 dias resultou numa redução significativa mais elevada da TBARS (Fig. 1). A LP determinada por TBARS aumentou no plasma (19%), no fígado (38%), nos rins (49%) e no coração (38%) dos ratos STZ© do que no grupo de ratos N (Fig. 1)). A LP determinada por TBARS diminuiu no plasma (23% e 24%) dos ratos que receberam extrato de salsa (*Petroselinum sativum*) (STZ/T e T/STZ, respetivamente). A TBARS no fígado e nos rins dos grupos de ratos STZ/T e T/STZ foi altamente reduzida (41%, 45% e 50%, 46% respetivamente) do que a do grupo de ratos STZ©. Os TBARS no coração dos grupos STZ/T e T/STZ também diminuíram (28% e 25%, respetivamente) em relação ao grupo STZ©. Estes dados sugerem que os grupos tratados com extrato de salsa (*Petroselinum sativum*) (STZ/T e T/STZ) são menos susceptíveis aos danos peroxidativos do stress oxidativo do que a STZ©. Estes efeitos devem-se à presença de fenóis e flavonóides no extrato de salsa (*Petroselinum sativum*) [63]. Outros investigadores obtiveram resultados semelhantes [16, 52], relatando que os TBARS na mucosa gástrica, um índice de LP, aumentaram com a lesão causada pelo etanol, mas o aumento foi inibido pela administração de 50mg/kg de extrato de planta através da diminuição dos metabolitos reactivos do oxigénio. É bem conhecido que os fenóis das plantas actuam como eliminadores de radicais livres [14, 15, 18]. O presente resultado foi consistente com as conclusões de outros investigadores [23, 24] que relataram uma correlação positiva entre os fenóis totais e a atividade de eliminação das folhas de *T. foenum graecum.* No entanto, a administração de extrato de salsa (*Petroselinum sativum*) numa dose de 200 mg / kg de peso corporal pode reduzir eficazmente os níveis de peróxidos lipídicos, bem como produzir proteção contra a LP em ratos [18]. Resultados semelhantes foram obtidos por [37, 65]. Vários investigadores [7, 8, 9] relataram que o aumento da produção de aniões superóxido na hipercolesterolemia e na aterosclerose estava associado ao aumento do conteúdo tecidular de LP [9, 13, 37]. Os aumentos das concentrações plasmáticas de LP e TBARS foram detectados em ratos hipercolesterolémicos [7, 18] e hipertrigliceridémicos [56], tendo sido referido que a produção de radicais livres está positivamente correlacionada com as concentrações plasmáticas de TC e TG. Na presente investigação, os ratos tratados com extrato de salsa (*Petroselinum sativum*) (STZ/T e T/STZ) apresentaram teores plasmáticos mais baixos de TC e TG (Quadro 5) e foi observada uma correlação positiva entre os teores plasmáticos de TBARS e TG.

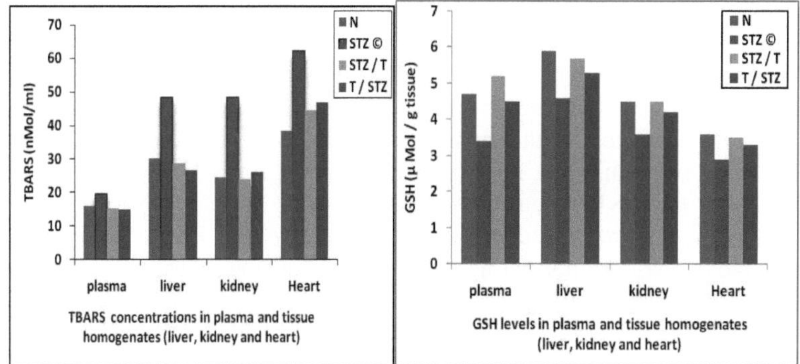

Figura 1- Níveis de TBARS (nMol/ml) e GSH (µmole/g de tecido) no plasma e nos homogenatos de tecidos (fígado, rim e coração) de ratos experimentais (valores médios para 7 ratos/grupo).

3.6. Actividades **das enzimas antioxidantes**

O extrato de salsa (*Petroselinum sativum*) registou quantidades adequadas de teores de fenol e flavonóides [Tabela 1]. No entanto, as propriedades químicas do extrato aquoso de salsa (*Petroselinum sativum*) em termos da disponibilidade de fenólicos e flavonóides como eliminadores de radicais doadores de hidrogénio predizem a sua atividade antioxidante [65, 66]. Os fenóis e os flavonóides são constituintes vegetais muito importantes devido à sua atividade antioxidante [11]. A atividade antioxidante dos compostos fenólicos deve-se principalmente às suas propriedades que desempenham um papel importante como eliminadores de radicais livres [23]. Os presentes resultados são consistentes com as conclusões de outros investigadores [24] que relataram uma correlação linear entre a atividade antioxidante e os teores totais de polifenóis e flavonóides. O glutatião (GSH) é um dos compostos essenciais para a regulação de uma variedade de funções celulares. Tem uma função antioxidante direta ao reagir com radicais superóxidos [64], tendo sido referido que a GST e a GSH-P são enzimas antioxidantes dependentes da GSH. De um modo geral, a STZ aumentou os níveis de TBARS no plasma e nos tecidos (Fig. 1) e diminuiu significativamente os níveis de GSH e as actividades de GST, GSH-P e SOD em comparação com o controlo. A presença de extrato de salsa (*Petroselinum sativum*) com STZ normalizou os níveis de TBARS e GSH e as actividades das enzimas antioxidantes para valores quase normais do controlo (Fig. 1).

No presente estudo, o declínio observado no nível de GSH (49%) no rato STZ, em comparação com o grupo de controlo N (Fig.1), indicou que a depleção de GSH resultou num aumento da LP. A diminuição do nível de GSH nos grupos de ratos pode dever-se à sua utilização acrescida na proteção das proteínas que contêm grupos sulfidrilo contra os peróxidos lipídicos[64]. Os grupos de ratos que receberam extrato de salsa (*Petroselinum sativum*) (STZ/T e T/STZ) mostraram um aumento do nível de GSH (54% e 47%, respetivamente) em comparação com os dos ratos STZ©. Os presentes resultados mostraram que a atividade da GSH-R e da GSH-P estava diminuída no fígado (35%), nos rins (23%) e no coração (20%) dos ratos STZ© em comparação com os dos ratos N (Fig. 2). As actividades das enzimas dependentes de GSH (GSH-P e GSH-T) foram restauradas quase ao normal nos grupos de ratos que receberam extrato de salsa (*Petroselinum sativum*) (T/STZ e T/STZ).

Os ratos que receberam extrato de salsa (*Petroselinum sativum*) (STZ/T e T/STZ) mostraram um aumento nas actividades de GSH-P (35% e 40%) e GSH-R (24% e 27%) no coração (Fig.2). Outro estudo [67] relatou que os flavonóides naturais induziram um aumento significativo na atividade de GSH-P e exerceram um efeito protetor e antioxidante. Estudos recentes sobre as propriedades antioxidantes dos flavonóides revelaram a sua ação estimuladora sobre as enzimas antioxidativas [20, 62, 63]. A atividade da GSH-R foi aumentada no fígado (39% e 41%) e no rim (30% e 34%) nos grupos de ratos (STZ/T e T/STZ, respetivamente) em comparação com os dos ratos STZ©. A atividade da GSH-P também aumentou no fígado (31% e 32%) e nos rins (29% e 31%). Outros estudos demonstram reduções na atividade da GSH-P no fígado de ratos [33, 52]. O aumento da atividade da GSH-P com um aumento concomitante da atividade da GSH-R no fígado e no rim de ratos que receberam extrato de salsa (*Petroselinumsativum*) indica a sobreactivação do ciclo de oxidação/redução do glutatião [68]. A GSH-P é responsável pela maior parte da decomposição do peróxido lipídico nas células e pode, assim, proteger a célula dos efeitos deletérios dos peróxidos. Na presente investigação, foram observadas actividades mais elevadas de GSH-P e GSH-R no fígado e nos rins em ratos que receberam extrato de salsa (*Petroselinum sativum*) (STZ/T e T/STZ) em comparação com os ratos STZ©. No tecido cardíaco, contudo, o aumento da peroxidação lipídica nos ratos pode dever-se a actividades GSH-P e GSH-R inferiores às do grupo de ratos STZ© (Fig. 2). O extrato de salsa (*Petroselinum sativum*) não modificou a atividade da GSH-T no plasma ou no fígado dos ratos. Isto está de acordo com a maioria dos estudos de material vegetal que não conseguiram aumentar a atividade GSH-T [60]. As actividades das enzimas antioxidantes dependentes de GSH, GSH-P e GSH-T foram significativamente reduzidas no grupo STZ em comparação com o grupo de controlo N, o que pode ser devido à diminuição do substrato de glutatião reduzido [64].

O extrato de salsa (*Petroselinum sativum*) aumenta a atividade da SOD e elimina os radicais superóxido e reduz os danos no miocárdio causados pelos radicais livres [14]. Os presentes resultados mostram que os ratos que receberam extrato de salsa (*Petroselinum sativum*) (STZ/T e T/STZ) apresentaram uma maior atividade da SOD no fígado (42% e 43%) e nos rins (36% e 40%), respetivamente, em comparação com os que receberam STZ© (Fig. 2). Os radicais livres são a fonte da peroxidação lipídica derivada do oxigénio, e a primeira linha de defesa contra eles é a SOD [63]. Assim, o aumento da atividade da SOD no fígado (42-43%) e no rim (36-40%) sugere que a ausência de acumulação do radical anião superóxido pode ser responsável pela diminuição da peroxidação lipídica nestes tecidos [65, 60]. Isto também é evidente pelo facto de uma diminuição relativamente maior da peroxidação lipídica no fígado e no rim de ratos que receberam extrato de salsa (*Petroselinum sativum*) ser acompanhada por um aumento relativamente maior da atividade da SOD nestes tecidos [52]. Estes resultados são consistentes com os de outros investigadores que demonstraram alterações nos antioxidantes hepáticos em ratos [56]. A capacidade de eliminação de superóxido do extrato de salsa (*Petroselinum sativum*) pode dever-se à presença de flavonóides, tal como referido por outros investigadores [69]. Os resultados obtidos no presente estudo são muito promissores e semelhantes à observação relatada na atividade antidiabética da *Swertia corymbosa* em ratos diabéticos induzidos por estreptozotocina [4,13,26,57]. No presente estudo, o tratamento combinado da STZ com o extrato de salsa (*Petroselinum sativum*) resultou numa diminuição significativa da TBARS do plasma e dos tecidos, e numa elevação significativa da GSH dos tecidos, indicando a proteção oferecida pelo extrato de salsa (*Petroselinum sativum*) contra a lesão causada pela STZ. O extrato de salsa (*Petroselinum sativum*) também manteve as actividades das enzimas antioxidantes dependentes de SOD e GSH quando comparado com o grupo de controlo N, indicando o papel protetor do extrato de salsa (*Petroselinum sativum*) contra o stress oxidativo induzido pela STZ. A partir dos resultados, verificou-se que existia uma correlação positiva entre o teor de flavonóides e a atividade de eliminação da SOD do extrato de salsa (*Petroselinum sativum*) [68,70]. As principais características deste produto natural são o facto de ser rico em fenólicos e flavonóides e apresentar uma atividade antioxidante relativamente elevada. As conclusões mais significativas do presente estudo são que o extrato aquoso de salsa (*Petroselinum sativum*) na dose de 200 mg/kg de peso corporal durante 26 dias mostrou um efeito benéfico não só na glicose sanguínea, mas também no peso corporal, nos níveis lipídicos do plasma e no conteúdo de glicogénio hepático em ratos diabéticos induzidos por STZ.

Os animais tratados revelaram uma elevação significativa das TBARS plasmáticas, cardíacas, renais e hepáticas. Além disso, melhorou a diminuição induzida pela STZ nas actividades das enzimas antioxidantes. Por conseguinte, os presentes resultados revelaram que o extrato de salsa (*Petroselinum sativum*) pode ser utilizado como efeito protetor, antagonizando a toxicidade da STZ. O presente estudo examinou a possível utilidade do extrato de salsa (*Petroselinum sativum*), como fonte natural de antidiabéticos para tratar e proteger o rato contra o efeito diabético da STZ e melhorar as enzimas antioxidantes que podem proteger as células contra o stress oxidativo na DM.

Conclusão

Em conclusão, as bioactividades do extrato de salsa (Petroselinum *sativum*) parecem sugerir fortemente que a ingestão regular de extrato de salsa (*Petroselinum sativum*) contendo compostos antioxidantes (fenólicos e flavonóides) é útil para melhorar o estado lipídico de ratos hiperglicémicos e hiperlipidémicos induzidos por STZ, inibindo a peroxidação lipídica e activando as enzimas antioxidantes.

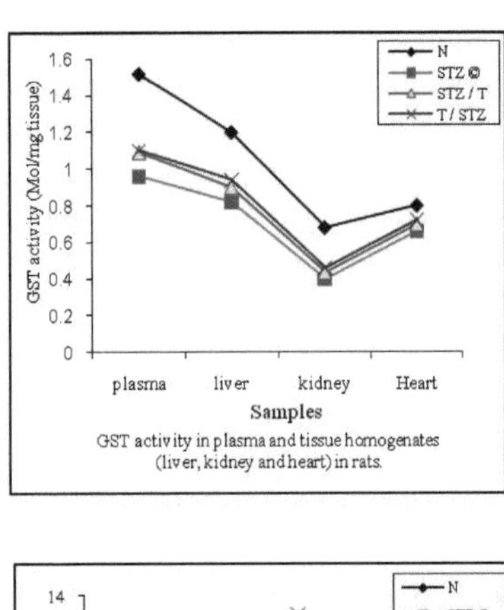

GST activity in plasma and tissue homogenates (liver, kidney and heart) in rats.

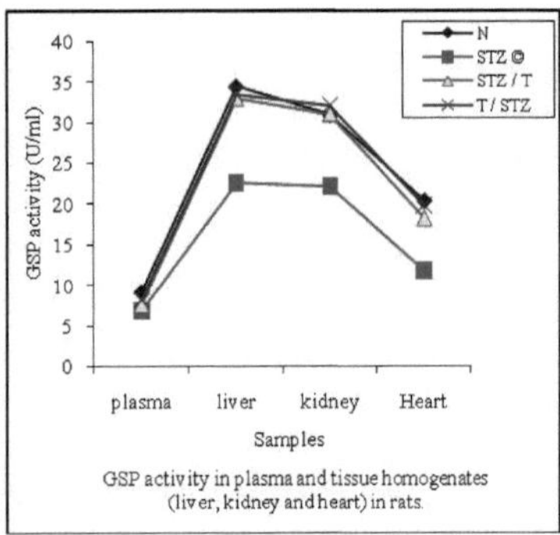

GSP activity in plasma and tissue homogenates (liver, kidney and heart) in rats.

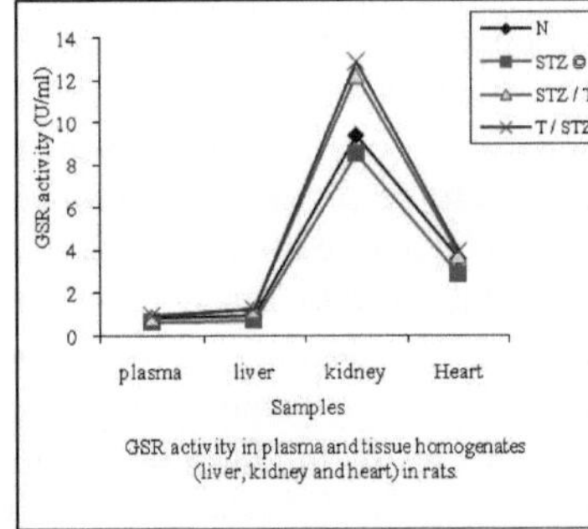

GSR activity in plasma and tissue homogenates (liver, kidney and heart) in rats.

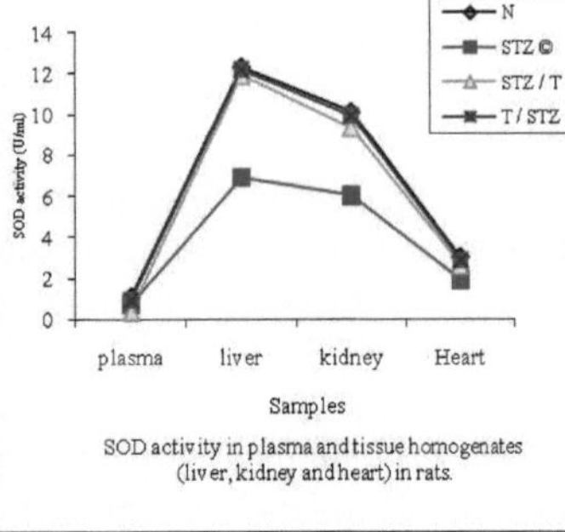

SOD activity in plasma and tissue homogenates (liver, kidney and heart) in rats.

FIGURA 2 - Actividades das enzimas antioxidantes no plasma, fígado, rim e coração dos ratos experimentais (Os valores representam as médias M±SE para 7 ratos por grupo).

REFERÊNCIAS

[1] Chan, J.C.N., Ng, M.C.Y., Critchley, J.A.J.H., Lee, S.C. e Cockram, C.S. (2001). Diabetes mellitus - um desafio médico especial numa perspetiva chinesa. Diabetes Res. Clin. Pract. 54, 19-27.

[2] Associação Americana de Diabetes, (2010). Diagnóstico e classificação da diabetes

[3] Meliani, N., Dib, M.A., Allali, H. e Tabti, B. (2011). Efeito hipoglicémico de *Berberis vulgaris* L. em ratos diabéticos normais e induzidos por estreptozotocina. Asian Pac J Trop Biomed. 6, 468-471.

[4] Rajan M, Kumar VK, Kumar PS, Swathi KR, Haritha S.(2012). Atividade antidiabética, anti-hiperlipidêmica e hepatoprotetora do extrato metanólico de *Ruellia tuberose Linn.* folhas em diabetes normal e induzida por aloxana. J. Chem. Pharm. Res. 4, 2860-2868.

[5] Nabi, S.A., Kasetti, R.B., Sirasanagandla, S., Tilak, T.K., Kumar, M.V. e Rao, C.A. (2013). Atividade antidiabética e anti-hiperlipidêmica do extrato aquoso da raiz de *Piper longum* em ratos diabéticos induzidos por STZ. BMC Complement Altern Med. 13, 37.

[6] Harrison, D., Griendling, K., Landmesser, U., Hornig, B. e Drexler, H. (2003). Role of oxidative stress in atherosclerosis (Papel do stress oxidativo na aterosclerose). American Journal of Cardiology 91, 7A-11A.

[7] Ramkumar, K.M., Vijayakumar, R.S., Ponmanickam, P., Velayuthaprabhu, S., Archunan, G., Rajaguru, P. (2008). Efeito anti-hiperlipidémico da Gymnema montanum: um estudo sobre o perfil lipídico e a composição de ácidos gordos na diabetes experimental. Basic Clin. Pharmacol. Toxicol. 103, 538-545.

[8] Bonetti, P.O., Lerman, L.O e Lerman, A. (2003). Endothelial dysfunction: a marker of atherosclerotic risk. Arteriosclerosis, Thrombosis, and Vascular Biology 23, 168-175.

[9] Baynes J.W. (1991). Role of oxidative stress in development of complications in diabetes. Diabetes, 400- 405.

[10] Sathishkumar,T. , Baskar,R., Shanmugam, S., Rajasekaran, P., Sadasivam, S. e Manikandan,V. (2008). Otimização da extração de flavonóides das folhas de *Tabernaemontana heyneana* Wall. utilizando o desenho ortogonal L16. Natureza e Ciência, 6, 1545-0740.

[11] Mahendran, G. e NarmathaBai,V. (2013). Atividade antioxidante e anti-proliferativa de *Swertiacorymbosa (Griseb.)*Wight ex C.B.Clarke.Int.J.Pharm.Pharm.Sci. 3, 551- 558.

[12] Dangi, K.S. e Mishra, S.N. (2010). Efeito anti-hiperglicémico, antioxidante e hipolipidémico dos extractos do caule de *Capparis aphylla* em ratos diabéticos induzidos por estreptozotocina. Biol. Med. 2, 35-44.

[13] Mahendran,G.,Thamotharan,G., Sengottuvelu,S. e NarmathaBai,V. (2014). Atividade antidiabética de *Swertia corymbosa (Griseb.)* Wight ex CB Clarke extrato de partes aéreas em ratos diabéticos induzidos por estreptozotocina J. Ethnopharmacol. 151, 1175-1183.

[14]Constantino, L., Albasini, A., Rastelli, G., Benvenuti, S. (1992). Atividade dos extractos polifenólicos brutos como sequestradores de radicais superóxidos e inibidores da xantina oxidase. Planta Medica 58, 342-344.

[15] Jeong, Y.J., Choi, Y.J., Kwon, H.M., Kang, S., Park, H.S., Lee, M., Kang, Y.H.(2005). Inibição diferencial da apoptose induzida por LDL oxidado em células endoteliais humanas aquecidas com diferentes flavonóides. Br. J. Nutr. 93, 581-591.

[16] Ramkumar, K.M., Sankar, L., Manjula, C., Krishnamurthi, K., Devi, S.S., Chakrabarti, T. (2010). Potencial antigenotóxico das folhas de *Gymnema montanum* sobre os danos no ADN dos linfócitos do sangue periférico humano e da linha celular HL-60. Environ. Mol. Mutagénico. 51, 285-293.

[17] Willett, W. C. (2002). Equilíbrio entre estilo de vida e investigação genómica para a prevenção de doenças. Science 2002, 296, 695-698.

[18] Choi, C.W., Kim, S.C., Hwang, S.S., Choi, B.K., Ahn, H.J., Lee, M.Y., Park, S.H., Kim, S.K. (2002). Atividade antioxidante e capacidade de eliminação de radicais livres entre plantas medicinais coreanas e flavonóides por comparação guiada por ensaio. Ciência das Plantas 163, 1161-1168.

[19] Cook, N. C. e Samman, S. (1996). Flavonoids: Chemistry, metabolism, cardioprotective effects, and dietary sources. Nutrl. Bioch. 7, 66-76.

[20] Moharib, S.A. e Awad, I.M.(2012). Atividades antioxidantes e hipolipidêmicas da fibra dietética de espinafre (*Spinocia oleracea*) e suplementação de polifenóis em ratos alimentados com uma dieta rica em colesterol. Adv. In Food Sci. 34,14-23.

[21]Meyer AS, Yi OS, Pearson DA, Waterhouse AL, Frankel EN.(1997). Inibição da oxidação da lipoproteína de baixa densidade humana em

relação à composição de antioxidantes fenólicos em uvas (*fitis vinifera*). J. Agric. Food Chem. 45,1638-1643.

[22]Aviram M.(1993). Formas modificadas de lipoproteínas de baixa densidade e aterosclerose. Atherosclerosis 98, 1-9.

[23]Hervert-Hernández, D.,García,O.P.,Rosado,J.L. e Goñi, I. (2011). A contribuição de frutas e vegetais para a ingestão dietética de polifenóis e capacidade antioxidante em uma dieta rural mexicana: Importância da variedade de frutas e vegetais Food Res. Internal, 44, 1182-1189.

[24]Zapolska-Downar, D., Kosmider, A. e Naruszewicz, M. (2006). O extrato rico em flavonóides de frutos *de chokeberry* inibe a apoptose de células endoteliais induzida por OXLDL. Atherosclerosis 7, 223-4.

[25] Wan, L., Chen, C., Xiao, Z., Wang, Y., Min, Q., Yue, Y., Chen, J. (2013). Atividade antidiabética in vitro e in vivo do extrato de *Swertia kouitchensis*.J.Ethnopharmacol.147, 622 630.

[26]Chikhi,I., AllaliH., Dib,M.E., Medjdoub,H. e Tabti, B. (2014). Atividade antidiabética do extrato aquoso de folhas de *Atriplex halimus L. (Chenopodiaceae)* em ratos diabéticos induzidos por estreptozotocina. Asian Pac. J. Trop. Dis. 4,181-184.

[27]Balamurugan,K., Nishanthini, A. e Mohan,V.R. (2014). Atividade antidiabética e anti-hiperlipidêmica do extrato etanólico de *Melastoma malabathricum Linn.* folha em ratos diabéticos induzidos por aloxana. Asian Pac. J. Trop. Biomed. 4, 442-448.

[28]Sharma, B., Balomajumder, C. e Roy, P. (2008). Hipoglicémico e hipolipidémico de *Retama raetam* em ratos diabéticos induzidos por *estreptozotocina.* Food Chem. Toxicol. 48, 2448-2453.

[29] Alam, M.S., Kaur, G., Jabbar, Z., Javed, K. e Athar, M. (2007). As sementes *de Eruca sativa* possuem atividade antioxidante e exercem um efeito protetor sobre a toxicidade renal induzida pelo cloreto de mercúrio. Food Chem.Toxicol. 45, 910-920.

[30]Lowry, O.H., Rosebrough, N.J., Farr, A.L., Randall, R.J. (1951). Medição de proteínas com o reagente de fenol Folin. J. Biol. Chem. 193, 256-275.

[31]Folch, J., Lees, M. e Sloane-Stanley, G.H. (1957). Um método simples para o isolamento e a purificação de lípidos totais de tecidos animais. J. Biol. Chem. 226, 497-509.

[32]Dubois, M., Gilles, K.A., Hamilton, T.R. , Rebers, P.A. e Smith, F. (1956). Determinação de açúcares e substâncias afins. Anal. Chem. 28, 350-356.

[33]Marinova, D., Ribarova, F. e Atanassova, M. (2005) Total phenolics and total flavonoids in Bulgarian fruits and vegetables. J.of the Univ.of Chem.Technol. and Metallur. 40, 255-260.

[34]Singleton, V. L., Orthofer, R. e Lamuela-Raventos, R. M. (1999). Análise de fenóis totais e outros substratos de oxidação e antioxidantes por meio do reagente Folin Ciocalteu. Methods Enzymol, 299, 152-178.

[35] Zhishen, H., Mengcheng, T. e Jianming, W. (1999). A determinação do teor de flavonóides na *amoreira* e os seus efeitos de eliminação dos radicais superóxido. Food Chem. 64, 555-559.

[36]Adam, J.H., Ramian, O. e Wilcock, C.C. (2002). Triagem fitoquímica de flavonóides em três híbridos de *Napenthes* (*Napenthaceae*) e suas espécies parentais putativas de Sarawak e Sabah. Online J. boil. sci. 2, 623-625.

[37] Bagri, P., Ali, M., Aeri, V., Bhowmilk, M. e Sultana, S. (2009) Antidiabetic effect of *Punica granatum flowers*. Efeito nas células pancreáticas da hiperlipidemia, peroxidação lipídica e enzimas antioxidantes na diabetes experimental. Food Chem. Toxicol. 47, 50-54.

[38]Trinder, P. (1969a): Determinação da glucose no sangue utilizando a glucose oxidase com um aceitador alternativo. Ann. Clin. Biochem. 624-627.

[39]Knight, J.A., Anderson, S. e Rewale, J.M. (1972). Base química da reação sulfofos-fovanilina para estimar os lípidos séricos totais. Clin. Chem. 18, 199-202.

[40]Trinder, P. (1969b). Método turbidimétrico simples para a determinação do colesterol sérico. Ann. Clin. Biochem. 6, 165-166.

[41]Lopes-Virella, M. F., Stone, P., Ellis, S. e Colwell, J. A. (1977). Determinação do colesterol em lipoproteínas de alta densidade separadas por três métodos diferentes. Clin. Chem. 23, 582-584.

[42]Wahlefeld, A.W. (1974). Determinação de triglicéridos após hidrólise enzimática. In: H. Bergmeyer. (ed.) Methods of enzymatic analysis, 2nd. ed. inglesa, Verlag Chemie Weinheim e Academic Press, Inc., Nova Iorque e Londres. Nova Iorque e Londres. pp. 183 e segs.

[43]Reitman S, Frankel S. A (1957). Método colorimétrico para a determinação da aminotransferase glutâmica oxaloaceitato sérica. Am. J. Clin. Pathol. 28:56-63.

[44]Moron, M.S., Depierre, J.W.e Mannervik, B.(1979). Levels of glutathione, glutathione reductase and glutathione S-transferase activities in rat lung and liver. Biochim. Biophys. Ata 528, 67-78.

[45] Paglia, D.E. e Valentine, W.N. (1967). Estudos sobre a caraterização quantitativa e qualitativa da glutationa peroxidase eritrocitária. J. of Lab. and Clin. Med. 70, 158-169.

[46]Habig, W.H., Pabst, M.S. e Jekpoly, W.B. (1974). Glutationa transferase: um primeiro passo enzimático na formação de ácido mercaptúrico. J. Biol. Chem. 249,7130.

[47] Elstner, E.F., Youngman, R.J., Obwald, W. (1983). Superóxido dismutase. In: Bergmeyer, H.U. (Ed.), Methods of Enzymatic Analysis, 2nd ed., Verlag Chemie, Weinheim Germany. Verlag Chemie, Weinheim, Alemanha, pp. 293-302.

[48] Goldberg, D.M. e Spooner, R.J. (1992). Glutathione reductase. In: Bergmeyer, H.U. (Ed.), Methods of Enzymatic Analysis, 2ª ed., Verlag Chemie, Weinheim, Alemanha, pp. 258-265. Verlag Chemie, Weinheim, Alemanha, pp. 258-265.

[49]Esterbauer, H. e Cheeseman, K.H. (1990). Determinação de produtos aldeídicos da peroxidação lipídica: malonaldeído e 4-hidroxinonenal. Meth. Enzymol. 186, 407-421.

[50]Carrol, N.V., Longleg, R.W. e Roe, J.H. (1955): Determinação do glicogénio no fígado e no músculo através da utilização do reagente de antrona. J. Biol. Chem., 220: 583-593.

[51]Fisher, R.A. (1970). Statistical method for research workers, Edinburg et. 14, Oliver and Boyd P. 140-142.

[52]Popovic, M. Kaurinovic, B., Jakovljevic,V., Mimica-Dukic, N, and Bursac,M. (2007) Effect of parsley (*Petroselinum crispum* (Mill.) Nym. ex A.W. Hill, *Apiaceae*) extracts on some biochemical parameters of oxidative stress in mice treated with CCl4.Phytotherapy Res. 21, 717-723.

[53]Guorong, F., Jinyong, P. e Yutian, W.u. (2006). Separação Preparativa e Isolamento de Três Flavonóides e Três Derivados de Cloroglucinol de *Hypericum japonicum Thumb*. usando Cromatografia de Contracorrente de Alta Velocidade por Aumento Gradual da Taxa de Fluxo da Fase Móvel. J. Liq. Chrom. Tech. 29,1619-1632

[54]Ramesh,B.K.,Maddirala,D.R.,Vinay,K.K.,Shaik,S.F.,Tiruvenkata,K.E.G., Swapna,S., Ramesh, B.,Rao,C.A. (2010). Actividades anti-hiperglicémicas e anti-hiperlipidémicas da fração metanol:água (4:1) isolada do extrato aquoso de sementes de *Syzygium alternifolium* em ratos diabéticos induzidos por estreptozotocina. Food Chem. Toxicol.48,1078–1084.

[55]Eliza, J., Daisy,P., Ignacimuthu,S. e Duraipandiyan,V. (2009). Efeito antidiabético e antilipidémico da eremantina de *Costus speciosus* (Koen.) Sm., em ratos diabéticos induzidos por STZ. Chem.Biol.Interact.182,67-72.

[56]Chenni , A., Ait Yahia, D., Boukortt , F.O., Prost, J., Lacaille-Dubois, M.A. e Bouchenak, M. (2007). Efeito da suplementação com extrato aquoso de *Ajuga iva* no perfil lipídico do plasma e no estado antioxidante dos tecidos em ratos alimentados com uma dieta rica em colesterol. J.of Ethnopharmacol. 109, 207-213.

[57]Roman-Ramos, R., Flores Sanoz, J.L. e Alarcon Aquilar, F.J.(1995). Efeito anti-hiperglicémico de algumas plantas comestíveis. J. Ethnopharmacol. 48, 25.

[58]Un, J., Mi-Kyung, L., Yong, B., Mi, A. e Myung-Sook C. (2006). Efeito dos flavonóides dos citrinos no metabolismo lipídico e nos níveis de ARNm das enzimas reguladoras da glucose em ratos diabéticos de tipo 2. Int. J. Biochem. Cell Biol. 38, 1134-45.

[59]Aderibigbe A.O.; Emudianughe T. S. and Lawal B. A. (1999).Anti hyperglycemic effect of *Mangifera indica* in rats. Phytother. Res., 13,504-5.

[60]Ramachandran, S., Naveen, K.R., Rajinikanth, B., Akbar, M. e Rajasekaran, A. (2012). Potencial antidiabético, anti-hiperlipidémico e antioxidante in vivo do extrato aquoso da casca de *Anogeissus latifolia* em ratos diabéticos de tipo 2. Asian J. Pac. Trop. Dis. 2, S596-S602.

[61]Rao, G.M., Morghom, L.O., Kabur, M.N., Ben Mohmud, B.M. e Ashibani, K. (1989). Níveis séricos de transaminase glutâmica oxaloacética (GOT) e transaminase glutamato piruvato (GPT) na diabetes mellitus. Indian J Med Sci. 43, 118-121.

[62]Borchani, C.,Besbes, S.,Masmoudi, M.,Blecker, C., Paquot,M. e Attia,H. (2011). Efeito dos métodos de secagem nas propriedades físico-químicas e antioxidantes dos concentrados de fibras de tâmaras Food Chem. 125, 1194-1201.

[63]Siddhuraju,P. and Manian, S. (2007).The antioxidant activity and free radical scavenging capacity of dietary phenolic extracts from horse gram (*Macrotyloma uniflorum* (Lam.) Verdc.) seeds Food Chem. 105,950-958.

[64] Karthikeyan, K., Sarala Bai, B.R., Niranjali Devaraj, S. (2007). Cardioprotective effect of grape seed *proanthocyanidins* on isoproterenol-induced myocardial injury in rats. Int. J. Cardiol. 115, 326-333.

[65]Kanter, M., Meral, I., Dede, S., Gunduz, H., Cemek,M. e Ozbek, H. (2003). Efeitos de *Nigella sativa L.* e *Urtica dioica L.* na peroxidação lipídica, sistemas de enzimas antioxidantes e algumas enzimas hepáticas em ratos tratados com CCl4, J.Vet. Med. A. Physiol. Pathol. Clin. Med. 50, 264-8.

[66] Reyes-Caudillo, E., Tecante, A. e Valdivia-López, M.A. (2008). Teor de fibra alimentar e atividade antioxidante dos compostos fenólicos presentes nas sementes de chia mexicana (*Salvia hispanica L.*) Food Chem. 107,656-663

[67]La Casa, C., Villegas, I., Alarcon-de-la-Lastra, C., Motilva, V., & Martin Calero, M. J. (2000). Evidência de propriedades protectoras e

antioxidantes da rutina, uma flavona natural, contra lesões gástricas induzidas pelo etanol. Journal of Ethnopharmacology, 71, 45-53.

[68] Zhang, K. and Das, N.P. (1994) Inhibitory effects of plant polyphenols on rat liver glutathione S transferases, Biochem. Pharmacol. 47, 2063-2068.

[69] Robak, J. e Dryglewski, R. J. (1988). Flavonoids are scavengers of superoxide anion. Biochemical Pharmacology, 37, 83-88.

[70]Mukherjee, S., Banerjee, S.K., Maulik, M., Dinda, A.K., Talwar, K.K., Maulik, S.K. (2003). Proteção do alho contra a cardiotoxicidade induzida pela adriamicina: papel dos antioxidantes endógenos e inibição da expressão de TNF-a. BMC Pharmacol. 3, 1-9.

Capítulo 3

Actividades antioxidantes e hipolipidémicas da fibra alimentar de espinafres (*Spinocia Oleracea*) e da suplementação com polifenóis em ratos alimentados com uma dieta rica em colesterol

Sorial A. Moharib e Isis M. Awad
Departamento de Bioquímica, Centro Nacional de Investigação, Tahrir St., Dokki, Cairo, Egipto

RESUMO

O presente estudo diz respeito à utilização de espinafres (*Spinocia oleracea*), vegetais de consumo corrente, como fonte natural de fibras alimentares e polifenóis. Para examinar os seus efeitos antioxidantes e hipolipidémicos, dois grupos de sete ratos albinos machos adultos foram alimentados com suplementos de dieta rica em colesterol com 100 g/kg de espinafres, contendo fibras alimentares e polifenóis (HCD-sp) durante 6 semanas, em comparação com a dieta rica em colesterol (HCD). As análises químicas da fibra alimentar de espinafres revelaram diferenças entre os rácios de polissacáridos não amiláceos (NSP) solúveis e insolúveis e os seus constituintes monossacáridos. O nível mais elevado de ácido urónico estava presente nos NSP solúveis em comparação com os NSP insolúveis. Os ratos alimentados com as dietas HCD e HCD-sp apresentaram uma diminuição muito significativa do aumento de peso corporal e da ingestão de alimentos durante o período de alimentação (6 semanas). As dietas contendo HCD-sp evidenciam efeitos de redução nos níveis séricos de lípidos totais, colesterol total, LDL-C, colesterol livre e triglicéridos. A dieta HCD-sp (100 g/kg) teve também um efeito de redução dos níveis hepáticos de lípidos totais, colesterol total e ésteres de colesterol. Observou-se uma diminuição altamente significativa do nível de triglicéridos no fígado dos ratos alimentados com a dieta HCD-sp em comparação com os que receberam HCD. Os resultados mostraram uma diminuição do colesterol total (CT) plasmático, do colesterol das lipoproteínas de alta densidade (HDL-C) e do VLDL-C. Os teores de triglicéridos foram reduzidos no plasma e nas VLDL. A peroxidação lipídica determinada por TBARS foi reduzida em 75% no plasma. As TBARS no fígado e nos rins estavam muito reduzidas, exceto no tecido adiposo. A atividade da glutatião redutase (GSH-R) foi reduzida no tecido adiposo (21%), mas aumentou no fígado (17%) e nos rins (30%). Observou-se um aumento significativo da atividade da glutatião peroxidase (GSH-P) no fígado (33%) e no rim (91%), mas um valor baixo no tecido

adiposo (4%). Observou-se um maior aumento da atividade da SOD no fígado (38%) e no rim (64%) dos ratos alimentados com a dieta HCD-sp em comparação com os alimentados com a dieta HCD. O aumento da atividade da SOD no músculo gastrocnémio e no tecido adiposo foi semelhante e com valores baixos. De acordo com estas observações, a utilização de fibras alimentares de espinafres pode ser recomendada como agente hipolipidémico. Pode concluir-se que o presente estudo demonstra que, para além dos seus potentes efeitos redutores dos triglicéridos e do colesterol total, os espinafres têm um efeito antioxidante na redução da peroxidação lipídica no plasma e nos tecidos e no aumento das enzimas antioxidantes em ratos alimentados com uma dieta rica em colesterol.
Palavras-chave : Fibra alimentar, Polissacárido não amiláceo (PNA), Antioxidante polifenólico, Hipercolesterolémico, Rato.

INTRODUÇÃO

Os alimentos vegetais, como as frutas e os legumes, conhecidos por melhorarem a saúde humana, contêm dois tipos de compostos que podem ser responsáveis pela mediação destes efeitos na saúde, os polifenólicos e os antioxidantes da fibra alimentar [1,2]. Estes compostos escapam à digestão na parte superior do intestino e persistem até ao intestino grosso humano, onde interagem com as bactérias residentes [3-5]. As bactérias intestinais, ou microflora, decompõem tanto a fibra alimentar como os polifenóis em blocos de construção mais pequenos que são depois absorvidos e medeiam muitos dos efeitos na saúde observados com alimentos vegetais integrais [6-8].

As dietas ricas em frutos e vegetais provaram ser eficazes na redução da incidência da doença aterosclerótica coronária [7, 9] e os cientistas continuam a examinar novos tipos destes produtos naturais [10-12]. O nível plasmático elevado de colesterol é um fator de risco bem conhecido para as doenças ateroscleróticas [13]. Sabe-se que os principais factores de risco de doenças cardiovasculares, como a hipercolesterolemia, prejudicam as funções endoteliais através do aumento da produção de radicais livres de oxigénio [14, 15]. Estudos epidemiológicos demonstraram os efeitos benéficos de dietas ricas em vegetais, frutas e produtos de cereais na redução do risco de doenças cardiovasculares e de certos tipos de cancro [16, 17]. Vários investigadores relataram uma relação inversa entre dietas ricas em fibras e doenças como o cancro, as doenças coronárias, as doenças cardiovasculares, a aterosclerose e a hiperlipidemia [18-20]. A complexidade e a variedade destes componentes da fibra alimentar podem permitir a manutenção de uma elevada atividade fermentativa ao longo do intestino grosso, o que pode aumentar os seus efeitos benéficos no ganho de peso corporal, no consumo de alimentos, na digestibilidade e nas taxas de crescimento [5, 21]. Os principais constituintes da fibra alimentar ou dos hidratos de carbono não disponíveis são os polissacáridos não amiláceos (PNA) [22]. Vários estudos demonstraram os efeitos benéficos da suplementação da dieta de ratos com fracções isoladas de fibras alimentares solúveis ou insolúveis, ou uma mistura de ambas [18,23], concluindo que estes tipos de fibras podem ser utilizados como agentes hipocolesterolémicos [15, 24,25].

Os radicais livres são produzidos no organismo em resultado de processos metabólicos. O desequilíbrio entre os sistemas de geração de radicais e de eliminação de radicais produz stress oxidativo. O stress oxidativo é atualmente sugerido como um mecanismo subjacente à hipercolesterolemia. Os radicais livres são responsáveis pelo envelhecimento e por várias doenças humanas. Um estudo mostra que as substâncias antioxidantes que eliminam os radicais livres desempenham um papel importante na prevenção de doenças induzidas por radicais livres [26]. Os radicais primários, ao doarem radicais de hidrogénio, são reduzidos a compostos químicos não radicais e convertidos em radicais antioxidantes oxidantes e esta ação ajuda a proteger o organismo de doenças degenerativas [27]. Um estudo recente demonstrou que a ingestão de algumas plantas em ratos provoca um aumento da atividade das enzimas antioxidantes e do colesterol HDL, mas apresenta uma diminuição do malondialdeído, o que pode reduzir o risco de doenças cardíacas [28, 29]. Os principais agentes responsáveis pelos efeitos protectores podem ser a presença de substâncias antioxidantes que exibem os seus efeitos como eliminadores de radicais livres, compostos doadores de hidrogénio, supressores de oxigénio singlete e quelantes de iões metálicos [30, 31, 32]. Estudos sobre fibras alimentares ricas em polifenóis associados, incluindo propriedades fisiológicas e capacidade antioxidante, foram previamente relatados [6, 17, 33, 34]. Estas fibras combinam num único material os efeitos fisiológicos tanto da fibra alimentar como dos antioxidantes [10, 17]. Com base nestes estudos, definimos o novo conceito de fibra alimentar antioxidante, a fim de discriminar os materiais com uma capacidade antioxidante significativa [25]. A fibra alimentar antioxidante pode ser definida como uma fibra que contém quantidades significativas de antioxidantes naturais associados à fibra [6, 10].

Os flavonóides são compostos polifenólicos naturalmente presentes nos vegetais e nos frutos. In vitro, os flavonóides inibem a oxidação das lipoproteínas de baixa densidade e reduzem a tendência trombótica, mas os seus efeitos nas complicações ateroscleróticas em seres humanos são desconhecidos. Os flavonóides, em particular a querstina, são muito presentes nos vegetais e têm sido considerados como os ingredientes activos que protegem contra a doença coronária [35]. Além disso, as experiências apoiam a hipótese de que a fibra alimentar pode ser um fator de proteção contra a doença aterosclerótica (no homem e nos animais), mostrando que certos constituintes da fibra alimentar formadores de gel, especialmente a pectina e a goma guar, causaram uma diminuição significativa da concentração de colesterol no plasma e no fígado [36, 37]. Diferentes plantas são utilizadas em diferentes países para o tratamento antifúngico, antimicrobiano e da aterosclerose [17, 38].

O presente estudo foi concebido para investigar o efeito dos espinafres, como constituintes vegetais de uso comum, na dieta hipolipidémica e na melhoria dos danos oxidativos produzidos quando os ratos foram alimentados com uma dieta rica em colesterol.

MATERIAIS E MÉTODOS

Materiais

Os espinafres (*Spinocia oleracea*) foram colhidos localmente num ambiente local egípcio. As plantas foram cortadas em pequenos pedaços e secas numa estufa a 50°C até atingirem um peso constante. Os materiais secos foram triturados num moinho de alimentos (picadora) até obterem um pó muito fino, peneirados através de um crivo de 16 malhas, embalados em sacos e armazenados à temperatura ambiente até à sua utilização.

Análise química

O azoto total foi determinado pelo procedimento semimicro-Kjeldahl, e a proteína bruta foi calculada como azoto x 6,25. A proteína verdadeira foi determinada [39]. Os lípidos foram extraídos com uma mistura de clorofórmio e metanol (2:1 v/v), de acordo com o método descrito por Folch et al.[40] . As cinzas foram quantificadas gravimetricamente após incineração num forno de mufla a 550°C. Foram estimados o amido, os polissacáridos não amiláceos (PNA), solúveis ou insolúveis, e o ácido urónico [41]. Foram efectuadas determinações qualitativas e quantitativas de monossacarídeos de cada polissacarídeo não amiláceo (NSP) solúvel e insolúvel [42]. Os fenólicos e os flavonóides foram extraídos com metanol a 80%, em banho de ultra-sons durante 20 minutos e centrifugados durante 5 minutos a 14000 rpm [43]. [A concentração do conteúdo feonílico total foi determinada utilizando o ensaio de Folin-Ciocalteu [44]. O flavonoide total foi medido pelo ensaio colorimétrico de cloreto de alumínio [45].

Dietas e animais

A composição das dietas é apresentada no Quadro 1. A primeira dieta foi uma dieta rica em colesterol (HCD) e a segunda foi suplementada com 10% (100 g/kg de dieta) dos componentes secos, moídos e peneirados de espinafres inteiros (HCD-sp). Catorze ratos albinos machos (*Rattus norvgicus*), com 9 semanas de idade e um peso de cerca de 170±1,8 g, foram adquiridos à Organização Egípcia de Produtos Biológicos e Vacinas e alimentados com uma dieta comercial durante um período de 5 dias. Em seguida, os ratos foram divididos em dois grupos de 7 ratos cada, com base no seu peso corporal, e alojados individualmente em gaiolas metabólicas de rede metálica. O primeiro grupo foi alimentado com HCD e o segundo grupo com HCD-sp (Quadro 1). Os ratos tiveram livre acesso a alimentos e água da torneira, e as dietas foram mantidas por um período de 6 semanas. O biotério tinha temperatura controlada (24 ±1 □C), humidade relativa (60%) e um ciclo claro-escuro de 12 horas. Os animais foram pesados no final do período experimental (6 semanas). O protocolo experimental e as dietas foram efectuados [31, 46].

QUADRO 1- Composição da dieta hipercolesterolémica (HCD) e da dieta com espinafres (HCD-Sp).

Componentes (g/kg de dieta)	HCD	HCD-Spinach
Amido	575.00	475.00
Celulose	50.00	50.00
Sacarose	50.00	50.00
Caseína	200,00	200,00
Óleo de milho	50.00	50.00
Mistura mineral*	40.00	40.00
Mistura de vitaminas*	20.00	20.00
Colesterol	10.00	10.00
Cólico	5.00	5.00
Espinafres	0.00	100.00

Johnson e Gee, (1986)*
Conselho das Comunidades Europeias (1986).

Digestibilidade dos lípidos

Durante o período de alimentação (6 semanas), as fezes dos ratos foram recolhidas e secas numa estufa a 105°C, recolhidas, pesadas e testadas. O ganho de peso e a ingestão de alimentos também foram calculados [20, 21].

Amostras de sangue e de tecidos

Ao fim de 6 semanas, e após um jejum noturno, sete ratos de cada grupo foram anestesiados com nesdonal de sódio (60 mg/kg de peso corporal), sendo depois sangrados da aorta abdominal para tubos contendo EDTA. O fígado, o rim, o músculo gastrocnémio e o tecido adiposo que circunda o rim e as zonas epididimárias foram removidos, lavados com solução salina a 0,9%, rapidamente secos e pesados. Uma alíquota de 50-100 mg de cada tecido foi armazenada a -70°C para a estimativa dos antioxidantes e da peroxidação lipídica. O plasma foi obtido por centrifugação a 4000 rpm durante 20 minutos utilizando uma centrífuga de arrefecimento (Sigma 2K15).

Isolamento de lipoproteínas

As VLDL do plasma foram isoladas por precipitação com MgCl2 e fosfotungstato (Sigma Chemical Company), de acordo com o método de Burstein et al. [47].

Ensaios bioquímicos

Os níveis de lípidos totais, LT [48], colesterol total, CT [49], colesterol de lipoproteínas de alta densidade (HDL-C), colesterol de lipoproteínas de baixa densidade (LDL-C) e triglicéridos (TG) foram estimados no plasma [50]. O colesterol de lipoproteínas de densidade muito baixa (VLDL-C) foi determinado com um kit de método enzimático (kit BioSystems, Espanha) utilizando glicerol como padrão [51]. Foram colhidas amostras pesadas de fígado e rim de ratos individuais de cada grupo (7 ratos/grupo) após 6 semanas de alimentação e os lípidos foram extraídos [40, 52]. Os níveis de lípidos totais (LT), colesterol total (CT) e triglicéridos (TG) nos extractos de fígado também foram determinados como mencionado acima. Foram determinados os fosfolípidos do fígado e do plasma [53]. O colesterol livre e os ésteres de colesterol foram estimados [54]. A concentração de proteínas foi medida utilizando albumina de soro bovino como padrão [39]. A peroxidação lipídica foi estimada através da medição das concentrações de TBARS utilizando o malondialdeído (Sigma-Aldrich com.) como padrão [55].

Foi avaliada a atividade da glutationa peroxidase (EC1.11.1.9) no fígado, nos rins, no tecido adiposo e no músculo gastrocnémio [56]. Uma unidade de glutatião peroxidase foi definida como a oxidação de 1mol de glutatião reduzido em glutatião oxidado por minuto a pH 7 a 25◦C. A atividade da glutationa redutase (EC 1.6.4.2) foi determinada [57]. Uma unidade de glutationa redutase reduz 1 mol de glutationa oxidada por minuto a pH 7,6 a 25◦C. A atividade da superóxido dismutase (EC 1.15.1.1) foi medida pelo procedimento de oxidação do NADH [58]. A peroxidação lipídica dos tecidos foi avaliada pelo malondialdeído (MDA) e pelo ácido tiobarbitúrico (TBA) de acordo com o método de Ohkawa et al. [30].

Estatística

As análises estatísticas foram efectuadas utilizando o teste t de Student [59]. Uma diferença de $P < 0{,}05$ e $P < 0{,}01$ foi considerada significativa (*) e mais significativa (**) entre os ratos alimentados com dieta contendo espinafre (HCD-SP) e aqueles alimentados com dieta hipercolesterolémica (HCD).

RESULTADOS E DISCUSSÃO

Análise química

Análises químicas de espinafres secos e moídos (Quadro 2). Os espinafres contêm quantidades adequadas de hidratos de carbono (700,1±49,80 g/kg), proteínas (120,70±4,20 g/kg) e lípidos (45,40±4,50g/kg). Estes resultados mostraram que os espinafres continham quantidades mais elevadas (479,4±21,2 g/kg) de fibra alimentar calculada como polissacáridos não amiláceos (PNA), contendo 34,4 % de PNA solúveis e 66,6 % de PNA insolúveis. A quantidade de fibra alimentar insolúvel era quase o dobro da quantidade de NSP solúvel. A análise cromatográfica revelou que existem diferentes valores de monómeros individuais na fibra de espinafre (Quadro 3). Os resultados mostraram que os monómeros neutros nas NSP solúveis e insolúveis estavam presentes em quantidades mais elevadas (Tabela 3). Na fibra alimentar dos espinafres, a glucose era mais elevada nas NSP insolúveis (60,2□10,6 g/kg) do que nas NSP solúveis (14,40□1,20 g/kg). Os espinafres também eram ricos em arabinose e xilose (3,81±0,8 e 3,75±0,6 g/kg, respetivamente). Observaram-se níveis mais elevados de ácido urónico nas NSP solúveis (37,41±4,6g/kg), significativamente mais elevados do que os das NSP insolúveis (18,78±3,8g/kg). Os teores de ácido urónico das fracções solúveis e insolúveis de NSP variaram entre 19-37 g/kg de NSP total (Quadro 3). A fibra de espinafre continha as quantidades mais elevadas de monossacáridos nos NSP solúveis e insolúveis, compreendendo principalmente galactose (35,75±3,8, 54,85±9,2g/kg, respetivamente) e manose (63,75±4,4, 65,23±11,4g/kg, respetivamente), normalmente provenientes da galacto-manana na pectina. A fração de fibras em gel é constituída principalmente por galacto-manano (unidades de galactose e manose). Estas fibras também se assemelham à estrutura da goma de guar, são muito viscosas quando dissolvidas em água [8, 60], demonstram que os diferentes efeitos das fibras alimentares são dependentes do tipo (dose, estrutura, NSP solúveis e insolúveis, nível, tamanho das partículas) e da duração da experiência [11, 61,62]. Foram observadas diferenças não só no rácio entre NSP solúveis e insolúveis na fonte de fibra de espinafre, mas também nos seus constituintes monossacáridos (Tabela 3). O teor de ácido urónico da fração de fibra solúvel foi mais elevado do que o da insolúvel [18]. Resultados semelhantes foram obtidos por outros investigadores utilizando diferentes fontes de fibra alimentar [15, 21, 63]. Os resultados também mostraram que os espinafres contêm quantidades adequadas de polifenóis e flavonóides (14,80±1,10 e 8,60±0,60 g/kg, respetivamente). Estes resultados estão de acordo com os relatados por outros investigadores [6, 34, 64,65].

QUADRO 2- Composição química dos espinafres (*Spinocia oleracea*).

Componentes	Peso seco (g/kg)
Proteína	120.70±4.20
Lípidos	45.40±4.50
Cinzas	110.40±8.40
Hidratos de carbono totais	700.10±49.80
Amido	135.30±7.80
Celulose	85.40±4.50
NSP solúvel	160.20±9.60
NSP insolúvel	319.20±16.80
Total NSP	479.40±21.20
Polifenóis totais	14.80±1.10
Total de flvonoides	8.60±0.60

Média de cinco amostras (Média ±SE).

QUADRO 3- Composição química dos componentes da fibra alimentar dos espinafres (g/kg).

Fibra alimentar	Peso seco	celulose	Rammnose	Arabinose	Xxilose	Manose	Galactose	Glicose	Ácido uronílico
NSP solúvel	160.2±9.6	0,00	1.91±0.4	3.81±0.8	3.75±0.6	63.75±4.4	35.75±3.8	14.40±1.2	37.41±4.6
NSP insolúvel	319.2±16.8	85.4±4.5	4.82±1.2	9.91±2.6	20.10±3.2	65.23±11.4	54.85±9.2	60.20±10.6	18.78±3.8
Total NSP	479.4±21.2	85.4±4.5	6.73±2.1	13.72±3.1	23.85±3.4	128.98±14.8	90.60±12.9	74.60±10.5	56.19±9.4

Média de cinco amostras (Média ±SE).

Valores nutricionais

Os resultados da Tabela 4 mostram que o peso corporal, o ganho de peso e a ingestão de alimentos foram significativamente menores nos ratos alimentados com HCD-sp em comparação com a HCD (Tabela 3). Pode observar-se que a dieta HCD-sp diminuiu o ganho de peso e a ingestão de alimentos (62,80±6,60, 36,30±1,90 respetivamente) do que a dieta HCD (58,10±42,0, 32,40±2,00 respetivamente). Estes resultados são inconsistentes com outros estudos [11,18, 22], que sugeriram anteriormente que as fibras alimentares de goma de guar, farelo de trigo e celulose tinham efeitos de redução na ingestão de alimentos e na taxa de crescimento dos ratos [36]. Os valores do peso corporal e da ingestão de alimentos em ratos que receberam HCD-sp foram inferiores no final do período de alimentação (6 semanas), em comparação com os alimentados com HCD [20]. Pode concluir-se que estas diferenças estão definitivamente relacionadas com a presença de diferentes tipos e constituintes da fonte de fibra na HCD-sp, bem como com as alíquotas de 100 g/kg de dieta que contêm níveis mais elevados de NSP solúveis e insolúveis [62]. O valor da ingestão de alimentos para ratos alimentados com ambas as dietas também foi maior do que os mencionados anteriormente por outros investigadores [21]. No entanto, a HCD-sp apresentou alterações insignificantes no peso corporal e na ingestão de alimentos em comparação com a HCD (Tabela 4). Foi relatado que os compostos polifenólicos exercem um efeito inibitório na ingestão de alimentos e no crescimento, diminuindo a digestibilidade [17, 34, 66]. Outros investigadores não encontraram qualquer efeito na ingestão de alimentos e no crescimento de vários materiais ricos em fibra alimentar e polifenóis, como o bagaço de maçã [33]. Os resultados também mostraram que os pesos do fígado, rim, tecido adiposo e músculo gastrocnémio não foram significativamente diferentes entre os dois grupos alimentados com dietas.

TABELA 4- Peso corporal, ganho de peso, ingestão de alimentos e pesos dos tecidos de ratos alimentados com dietas HCD-sp e HCD. (Valores médios para 7 ratos/ cada 2 semanas/ grupo).

Dietas	Dietas experimentais	
	HCD	HCD-sp
Parâmetros	Média ± SE	Média ± SE
Peso corporal (g)	233.2±26.20	229.5±28.40
Ganho de peso (g)	62.80±6.60	58.40±4.20
Ingestão de alimentos (g)	36.80±1.90	32.40±2.00
Peso do fígado (g)	8.60±1.20	8.80±1.10
Peso dos rins (g)	1.20±0.04	1.04±0.06
Músculo gastrocnémio (g)	0.98±0.20	0.92±0.16
Peso do tecido adiposo (g)	2.30±0.80	2.20±0.40

* Significativo (P< 0,05) ** Altamente significativo (P< 0,01)

Digestibilidade dos lípidos

Os resultados mostraram que o consumo de lípidos e de colesterol foi semelhante nos dois grupos, ao passo que o teor fecal de lípidos e de colesterol aumentou, respetivamente, 114% e 129% nos ratos alimentados com HCD-sp em comparação com os ratos alimentados com HCD (quadro 5). A digestibilidade dos lípidos foi reduzida em 6% nos ratos alimentados com dieta HCD-sp em comparação com os alimentados com dieta HCD. Este efeito pode ser atribuído à presença de fibras alimentares solúveis

(NSP) associadas a polifenóis. Estes resultados estão de acordo com os registados por outros trabalhadores [38, 66].

TABELA 5- Conteúdo dietético e fecal de lípidos e colesterol de ratos alimentados com HCD e HCD-sp.
(Valores médios para 7 ratos / grupo).

Ingrediente	HCD	HCD-sp
Ingestão de lípidos (mg)	1840.2±52.2	1620.60±42.60
Lípidos fecais (mg)	200.40±11.20	120.4±8.10**
Consumo de colesterol (mg)	368.2±12.00	324.20±11.60
Colesterol fecal (mg/g)	44.80±1.10	38.8±1.40**
Digestibilidade dos lípidos (%)	93.50±0.40	87.70±0.60

*Significativo (P< 0,05) ** Altamente significativo (P< 0,01)

Parâmetros plasmáticos

As respostas dos lípidos plasmáticos dos ratos alimentados com HCD e HCD-sp são apresentadas na Tabela (6). Foram observadas alterações diferentes no plasma de CT, HDL-C e fosfolípidos. Os ratos alimentados com HCD-sp registaram uma diminuição muito significativa dos níveis plasmáticos de TL, CT e LDL-C após 6 semanas de alimentação, em comparação com os ratos alimentados com HCD. A HCD-sp provoca também uma diminuição significativa dos TG plasmáticos. Foi observada uma alteração insignificante no nível plasmático de fosfolípidos dos ratos alimentados com HCD e HCD-sp. A HCD-sp teve um aumento significativo apenas no nível de HDL-C plasmático (13%). Vários investigadores [19, 22], sugeriram fortemente o consumo de alimentos ricos em fibras alimentares (NSP) ou suplementos de componentes purificados, que poderiam ser benéficos em termos de redução da hipercolesterolemia [15, 24, 25], aterosclerose aórtica [15], hiperlipidemia [20], e deposição de colesterol nos tecidos em humanos e animais [19]. Os presentes resultados mostraram claramente que uma combinação de NSP solúveis e insolúveis (fibras alimentares) em diferentes níveis (rácio 1:2) tem efeitos sinérgicos no metabolismo dos hidratos de carbono e dos lípidos [20, 22, 37]. Foram observadas reduções altamente significativas na TL plasmática (22%) e no CT (21%) de ratos que receberam HCD-sp. Tanto os estudos em animais como os estudos clínicos sugeriram anteriormente que a fibra alimentar (psyillum asiático e ruibarbo) pode ser potencialmente um agente hipocolesterolémico [19, 25, 67]. Em consonância com estes resultados, o efeito de redução do colesterol (21%) da nova fonte de fibra (espinafres) utilizada foi elucidado neste estudo (Tabela 6). Foi observada uma diminuição altamente significativa no nível de TG (33%) dos ratos alimentados com HCD-sp durante 6 semanas (Tabela 6). As fibras alimentares de espinafre também podem ser eficazes no tratamento da hipercolesterolemia, devido à sua estrutura de formação de gel, como a goma guar, e contendo principalmente galacto-manano e/ou arabino-galactano [24]. Esses achados estão de acordo com outros estudos [24, 67]. Existe uma correlação positiva entre a incidência de aterosclerose coronária e a concentração plasmática de LDL-C, que pode atuar como fator de risco cardiovascular, tal como referido por outros autores [6]. Por conseguinte, a maior redução dos níveis de LDL-C (20%) no plasma de ratos alimentados com HCD-sp, significa que a fonte de fibra de espinafres teve efeitos de redução na incidência de aterosclerose coronária e reduziu o fator de risco de doenças cardiovasculares [7]. Estes resultados estão de acordo com outras investigações [19, 20]. O presente estudo examinou se o polifenol associado à fibra alimentar dos espinafres poderia melhorar o nível dos componentes lipídicos e os danos oxidativos resultantes de uma dieta rica em colesterol em ratos [1, 33]. Os espinafres reduziram o CT plasmático em cerca de 9,6%. Esta suplementação também resulta numa atenuação significativa das concentrações de VLDL-C (38%). Além disso, o rácio CT/HDLC, que é um marcador de dislipidemia, foi cerca de 2,3 vezes inferior nos ratos alimentados com HCD-sp em comparação com os ratos alimentados com HCD [68]. Contrariamente a estas descobertas [69], relatou que *a Ajuga iva* não teve efeitos significativos no TC sérico em ratos alimentados com uma dieta livre de colesterol. Assim, as concentrações reduzidas de colesterol após suplementos de espinafre na dieta (HCD-sp), resultaram da diminuição da digestibilidade lipídica (6%) e do aumento da excreção fecal de colesterol [8, 38, 68, 70], eles relataram que a hipercolesterolemia induzida pela dieta é quase sempre útil para a avaliação de agentes que interferem na absorção, degradação e excreção de colesterol [8]. As razões para os teores plasmáticos mais baixos de VLDL-C em ratos alimentados com uma dieta suplementada com espinafres (HCD-sp) podem ter sido a elevação da absorção de VLDL pelo fígado. Outros investigadores [71] relataram que uma dieta rica em colesterol e gordura saturada suprime o mRNA do recetor de LDL hepático em macacos verdes africanos. Os presentes resultados mostraram que os ratos alimentados com HCD-sp tinham um teor de HDL-C plasmático mais elevado do que os alimentados com HCD. A HCD-sp reduziu significativamente os TG plasmáticos em cerca de 33% e os VLDL-TG em 71% em comparação com os ratos alimentados com uma dieta sem espinafres (HCD). Estes efeitos podem ser devidos ao efeito da enzima envolvida na hidrólise do VLDL-TG plasmático. Os presentes resultados estão de acordo com os relatados por outros investigadores [38] que relataram que o extrato de *Ajuga iva* reduziu o TG plasmático e o VLDL-TG em 31% e 74%, respetivamente. A dieta contendo espinafres (HCD-sp) diminuiu significativamente o nível plasmático de CT (21%). Os ratos alimentados com uma dieta rica em colesterol suplementada com espinafres (HCD-sp) apresentaram uma redução significativa do VLDL-C (29%) em comparação com os alimentados com HCD (quadro 6). O rácio CT/HDL-C foi 2,3 vezes inferior nos ratos alimentados com HCD-sp em comparação com os alimentados com HCD. O teor de TG foi reduzido em 33% no plasma e em 71% no VLDL em ratos alimentados com HCD-sp em comparação com ratos alimentados com HCD [7, 17]. Os valores de proteínas e fosfolípidos no plasma foram semelhantes nos ratos alimentados com ambas as dietas. Estes efeitos podem ser atribuídos à presença de polifenóis e fibras alimentares (NSP solúveis e insolúveis). Vários estudos estabeleceram que a fibra alimentar e as substâncias fenólicas exercem um efeito antioxidante, prevenindo o desenvolvimento da aterosclerose [26, 33, 68].

QUADRO 6 - Níveis de lípidos totais, colesterol total, colesterol HDL, colesterol LDL, triglicéridos e fosfolípidos no plasma de ratos alimentados com dietas HCD e HCD-sp.
(Valores médios para 7 ratos / grupo).

Dietas	Dietas experimentais	
	HCD	HCD-sp
	Grupo	Grupo
Parâmetros	Média ± SE	Média ± SE
Lípidos totais (mg %)	480.20±2.20	375.10±3.60**
Colesterol total (mg%)	138.80±2.01	109.20±0.80**
HDL-C (mg %)	40.80±0.90	46.60±1.01*
LDL-C (mg %)	35.40±1.20	28.40±1.10**
Triglicéridos (mg %)	126.40±8.40	84.80±9.60*
Fosfolípidos (mg %)	8.90±1.10	8.68±0.08
Proteína (g/L)	98.4±3.40	96.20±4.10
VLDL-C (mmol/L)	1.40±0.30	1.02±0.20**
VLDL-TG (mmol/L)	0.68±0.20	0.20±0.05**

* Significativo (P< 0,05) ** Altamente significativo (P< 0,01)

Parâmetros dos tecidos

Os resultados da Tabela (7) mostram que os níveis de TL, TC, TG e ésteres de colesterol no fígado de ratos alimentados com HCD-sp diminuíram significativamente em comparação com os ratos alimentados com HCD no final do período de alimentação (6 semanas), enquanto as diminuições nos níveis de colesterol livre e fosfolípidos foram insignificantes. Outros investigadores referiram que a dieta suplementada com fibras alimentares apresentou uma redução significativa dos teores hepáticos de lípidos totais e de colesterol. As taxas de redução na TL hepática (23%), CT (30%), triglicéridos (38%) e ésteres de colesterol (19%) foram parcialmente superiores às alcançadas noutros estudos [11, 37]. Os resultados do presente estudo estão de acordo com os relatados anteriormente [24, 38], mas contradizem os de outros investigadores [36], que indicaram que a dieta suplementada com fibra alimentar eleva o nível destes componentes lipídicos hepáticos. Observou-se uma alteração insignificante nos níveis de colesterol livre e fosfolípidos em ratos alimentados com HCD-sp após 6 semanas de alimentação (Tabela 7).

QUADRO 7 - Teores de lípidos totais, colesterol total, colesterol livre, ésteres de colesterol e fosfolípidos (mg/g) no fígado de ratos alimentados com HCD e HCD-sp.
(Valores médios para 7 ratos / grupo).

Dietas	Dietas experimentais	
	HCD	HCD-sp
Parâmetros	Média ± SE	Média ± SE
Lípidos totais (mg/g)	18.80±0.60	14.50±0.68**
Colesterol total (mg/g)	2.08±0.03	1.46±0.02**
Colesterol livre (mg/g)	2.10±0.10	2.08±0.18
Éster de colesterol (mg/g)	8.52±0.10	6.88±0.11**
Triglicéridos (mg/g)	2.72±0.34	1.70±0.10**
Fosfolípidos (mg/g)	10.01±0.60	9.40±0.78

* Significativo (P< 0,05) ** Altamente significativo (P< 0,01)

Teores de TBARS no plasma e nos tecidos

As concentrações de TBARS no plasma e nos tecidos são apresentadas na Tabela 8. O consumo de suplementos de colesterol elevado com espinafres (HCD-sp) por ratos durante 6 semanas conduziu a baixos teores de TBARS no plasma (75%) em comparação com os ratos que consumiram colesterol elevado (HCD). As concentrações de TBARS no fígado, no tecido adiposo e nos rins sofreram uma redução acentuada de 41%, 48% e 65%, respetivamente, no grupo de ratos alimentados com HCD-sp em comparação com os ratos que receberam HCD. Em contrapartida, não se registou qualquer diferença significativa no nível das concentrações de TBARS no músculo gastrocnémio. Os resultados também mostraram que a adição de espinafres à HCD resultou numa diminuição da TBARS em todos os tecidos, exceto no tecido adiposo. Estes dados sugerem que os ratos alimentados com uma dieta que contém espinafres (HCD-sp) são menos susceptíveis aos danos peroxidativos do stress oxidativo, tal como uma dieta rica em colesterol (HCD), e estes efeitos devem-se à presença de polifenóis associados à fibra alimentar dos espinafres na HCD-sp [26]. O aumento da produção de aniões superóxido nos vasos hipercolesterolémicos contribui para o processo de aterosclerose [7, 72], tendo sido referido que a hipercolesterolemia e a aterosclerose estavam associadas ao aumento do conteúdo tecidular de um produto da peroxidação lipídica [73]. É bem conhecido que os polifenóis vegetais actuam como eliminadores de radicais livres in vitro [14, 26]. Os resultados também mostraram que as concentrações plasmáticas de TBARS eram significativamente mais baixas no grupo de ratos alimentados com HCD-sp em comparação com os alimentados com HCD (Quadro 8). Diferentes estudos [27] relataram que os ratos alimentados com colesterol na dieta aumentam a peroxidação lipídica plasmática e as concentrações de TBARS, este achado foi atribuído aos efeitos hipercolesterolémicos e hipertrigliceridémicos induzidos pelo consumo elevado de colesterol na dieta [10, 73,76]. No presente estudo, os ratos alimentados com HCD-sp apresentaram teores plasmáticos mais baixos de CT e TG e foi observada uma correlação positiva entre os teores plasmáticos de TBARS e TG. Ohara et al. [72] relataram em coelhos que a geração de radicais livres está positivamente correlacionada com as concentrações plasmáticas de CT e TG.

TABELA 8- Concentrações de TBARS no plasma (mol/L) e nos tecidos (mol/g de tecido) de ratos alimentados com HCD e HCD-sp durante 6 semanas.
(Valores médios para 7 ratos / grupo).

Ingrediente	HCD	HCD-espinafre
Plasma	10.76 ± 1.18	2.70 ± 1.2**
Fígado	2.08 ± 0.14	1.22 ± 0.14**
Rins	2.75 ± 1.49	0.96 ± 0.08**
músculo gastrocnémio	1.50 ± 0.59	1.45 ± 0.20
Tecido adiposo	1.52 ± 0.09	2.9 ± 0.18**

* Significativo (P< 0,05) ** Altamente significativo (P< 0,01)

Actividades das enzimas antioxidantes

As actividades das enzimas antioxidantes no fígado, nos rins, no músculo gastrocnémio e no tecido adiposo foram apresentadas na Figura 1. A dieta contendo espinafres (HCD-sp) aumentou a atividade da superóxido dismutase (SOD) em 38 e 64% no fígado e nos rins, respetivamente. A atividade da glutatião redutase (GSH-R) aumentou 17% e 30% no fígado e nos rins, mas diminuiu 21% no tecido adiposo dos ratos alimentados com HCD-sp em comparação com os ratos alimentados com HCD. A atividade da glutationa peroxidase (GHS-P) aumentou significativamente no fígado e nos rins, mas diminuiu no músculo gastrocnémio e no tecido adiposo. Os presentes resultados mostram que os ratos alimentados com HCD-sp apresentaram uma maior atividade da SOD no fígado e nos rins, em comparação com os alimentados com HCD. Os radicais livres são a fonte da peroxidação lipídica derivada do oxigénio, e a primeira linha de defesa contra eles é a SOD [26]. Por conseguinte, o aumento da atividade da SOD no fígado (28%) e no rim (64%) sugere que a ausência de acumulação do radical anião superóxido pode ser responsável pela diminuição da peroxidação lipídica nestes tecidos [27]. Isto também é evidente pelo facto de a diminuição relativamente maior da peroxidação lipídica no fígado e nos rins de ratos alimentados com HCD-sp ser acompanhada pelo aumento relativamente maior da atividade da SOD nestes tecidos [55, 72]. Isto é consistente com outros relatórios que demonstraram alterações nos antioxidantes do fígado após uma dieta rica em colesterol [25, 66, 73, 74]. Isto é contrário aos resultados relatados anteriormente, em que alimentar ratos com uma dieta enriquecida com colesterol não teve efeitos sobre as actividades das enzimas antioxidantes [75]. Além disso, a GSH-P é responsável pela maior parte da decomposição do peróxido lipídico nas células e pode, assim, proteger a célula dos efeitos deletérios dos peróxidos. No presente estudo, foram observadas actividades mais elevadas de GSH-P e GSH-R no fígado e nos rins em ratos alimentados com HCD-sp em comparação com os alimentados com HCD. O aumento da atividade da GSH-P com um aumento concomitante da atividade da GSH-R no fígado e nos rins dos ratos alimentados com HCD-sp indica a sobreactivação do ciclo de oxidação/redução do glutatião [64, 76]. Outros estudos demonstram uma diminuição da atividade da GSH-P no fígado de ratos alimentados com uma dieta rica em colesterol [72]. No tecido adiposo, no entanto, a peroxidação lipídica aumentada em ratos alimentados com HCD-sp em comparação com os alimentados com HCD (Tabela 8), pode ser devida a actividades GSH-P e GSH-R mais baixas. Pode colocar-se a hipótese de que as razões para a diminuição das actividades GSH-P e GSH-R no tecido adiposo de ratos alimentados com HCD-sp podem ser a inativação da GSH-P, que leva à inativação da SOD [14]. Por conseguinte, é possível que a baixa atividade da GSH-P no tecido adiposo de ratos alimentados com HCD-sp se deva a uma perda de glutatião total. Os presentes resultados mostraram que as actividades de GSH-P, GSH-R e SOD se mantiveram inalteradas no músculo gastrocnémio, indicando uma peroxidação lipídica inalterada. Pode concluir-se que os suplementos de espinafres na dieta (HCD-sp) são capazes de diminuir os CT, TG e VLDL plasmáticos e melhorar a dislipidemia. Além disso, também melhora o estado antioxidante, diminuindo a peroxidação lipídica e aumentando as enzimas antioxidantes. Por conseguinte, os efeitos hipolipidémicos dos suplementos de espinafres na dieta foram observados na presente investigação e podem ser valiosos para a proteção contra a obesidade e as doenças cardiovasculares induzidas por uma dieta rica em colesterol (HCD). A fibra alimentar de espinafres rica em polifenóis na HCD-sp pode melhorar a atividade enzimática intestinal e reduzir a absorção de colesterol [4,5]. Isto foi consistente com a maior excreção fecal de lípidos e colesterol nos ratos alimentados com HCD-sp (Tabela 5). Resultados semelhantes foram obtidos por outros investigadores [24, 37]. As análises químicas dos espinafres revelaram a presença de polifenóis, flavonóides, NSP solúveis e insolúveis, incluindo os seus diferentes componentes de monossacáridos (Tabelas 2, 3). De facto, muitos constituintes químicos já foram caracterizados em alimentos vegetais, tais como proteínas, lípidos, fibra alimentar [12, 34, 61] e flavonóides [13], uma vez que a fibra alimentar dos espinafres (NSP) e os flavonóides têm sido referidos como apresentando atividade antioxidante e hipocolesterolémica 6, 17, 34]. Esforços de colaboração anteriores mostraram que estas fibras alimentares podem alterar as enzimas e a microflora intestinais e que os flavonóides inibem a oxidação das lipoproteínas de baixa densidade. Por conseguinte, pode sugerir-se que a atividade hipolipidémica e antioxidante dos espinafres pode estar relacionada com estes compostos. Embora a ação da fibra alimentar, dos polifenóis e dos flavonóides esteja ainda por esclarecer, este trabalho é o primeiro relatório sobre o efeito antioxidante e hipolipidémico dos espinafres em ratos alimentados com uma dieta rica em colesterol.

Conclusão

Em conclusão, as bioactividades dos espinafres (100 g/kg de dieta) parecem exercer uma diversidade de efeitos interessantes sobre os factores de risco das doenças cardiovasculares através do seu teor de fibras alimentares, polifenóis e flavonóides. Os presentes resultados sugerem fortemente que a ingestão regular de compostos antioxidantes dos espinafres é útil para melhorar o estado lipídico dos ratos hipercolesterolémicos induzidos por uma dieta, inibindo a peroxidação lipídica nos tecidos e activando as enzimas antioxidantes.

Além disso, o espinafre é um alimento de consumo comum que pode reduzir o risco de morte por diferentes doenças nos homens.

FIGURA 1 - Actividades das enzimas antioxidantes no fígado, rim, músculo e tecido adiposo de ratos alimentados com uma dieta rica em colesterol com ou sem espinafres.
(Os valores representam as médias M±S.E.M. para 7 ratos por grupo).

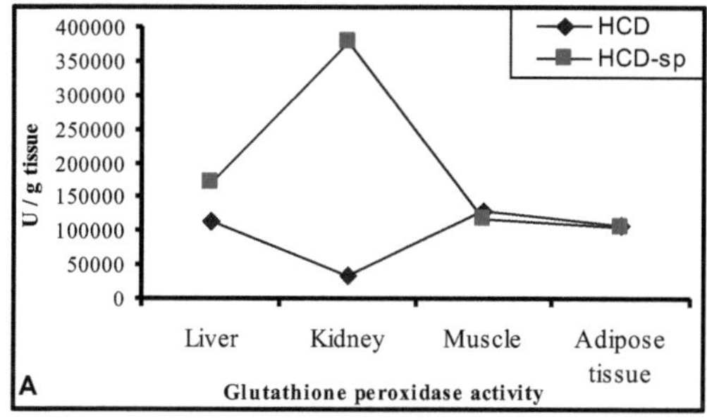

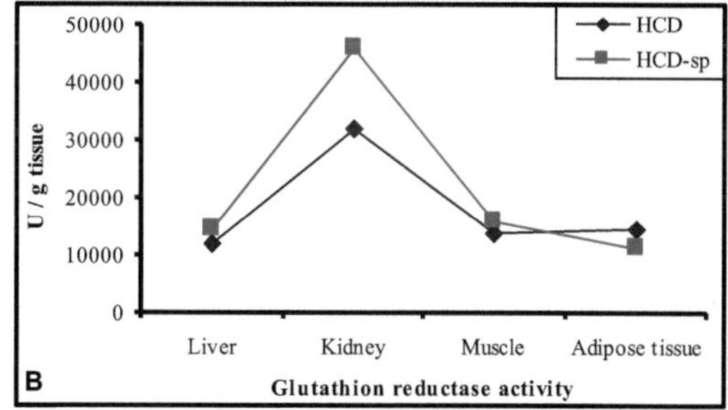

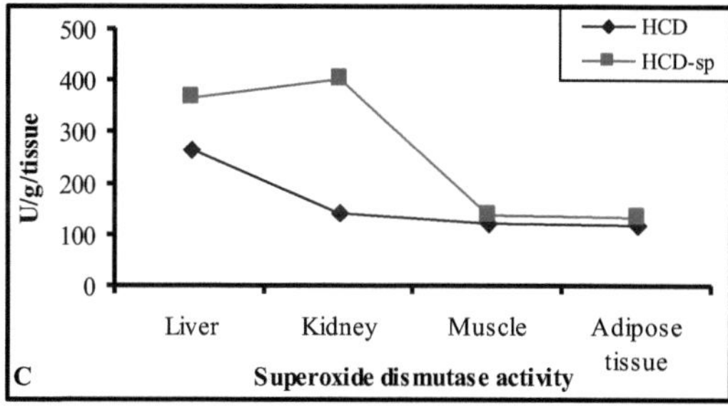

REFERÊNCIAS

[1] Garjania,A. Fathiazadb,F., Zakherib, A., Akbarib, N.A., Azarmiec,Y. Fakhrjood,A., Andalibb,S.,Maleki-Dizajib,N. (2009) O efeito do extrato total de sementes de *Securigera securidaca L.* nos perfis lipídicos séricos, no estado antioxidante e na função vascular em ratos hipercolesterolémicos J. of Ethnopharmacol. 126, 525-532.

[2] Rufino, M. S. M., Pérez-Jiménez, J., Arranz, S., Alves, R. E., Brito, E. S., Oliveira, M. S.P. e Saura-Calixto, F. (2011) Açaí (Euterpe oleraceae) 'BRS Pará': Uma fruta tropical fonte de fibra alimentar antioxidante e óleo de alta capacidade antioxidante. Food Res. Internal. 44, 2100-2106

[3] Johnson, I.T. and Gee, J.M. (1986) Gastrointestinal adaptation in response to soluble non-available polysaccharides in the rat. Br. J. Nutr. 55, 497-505.

[4] Cherbut, C., Salvador, V., Borry, J.L. and Delort-Laval, J. (1991) Dietary fiber effects on intestine al transit in man involvement of their physicochemical and fermentative properties. Food hydrocolloids. 5, 15-22.

[5] Moharib, S.A. (2000) Studies on intestinal enzyme activity and nutritive values of dietary fibres in rats. Bull. Fac. Agric. Cairo Univ. 51, 431-446.

[6] Martín-Carrón, N., Goñi, I., Larrauri, J. A., García-Alonso, A., Saura-Calixto, F. (1999) Redução das concentrações séricas de colesterol total e LDL por um produto de uva rico em fibras alimentares e polifenóis em ratos hipercolesterolémicos. Nutr. Res. 19, 1371-1381.

[7] Jiménez, J. P., Serrano, J., Tabernero, M., Arranz, S., Díaz-Rubio, M. E., García-Diz, L., Goñi, I. e Saura-Calixto, F. (2008) Effects of grape antioxidant dietary fiber in cardiovascular disease risk factors Nutr. 24, 646-653.

[8] Borchani, C.,Besbes, S.,Masmoudi, M.,Blecker, C., Paquot,M. e Attia,H. (2011) Efeito dos métodos de secagem nas propriedades físico-químicas e antioxidantes dos concentrados de fibras de tâmaras Food Chem. 125, 1194-1201.

[9] Rimm, E.B., Ascherio, A., Giovannucci, E., Spiegalman, D., Stampfer, M. e Willett, W, (1996) Vegetable, fruit, and cereal fiber intake and risk of coronary heart disease among men. J Am. Med. Assoc. 275:447-451.

[10] Gorinstein, S., Yamamoto, K., Katrich, E., Leontowicz, H., Lojek, A., Leontowicz, M., ˇC'ıˇz, M., Goshev, I., Shalev, U. e Trakhtenberg, S. (2003) Propriedades antioxidantes de Jaffa sweeties e toranja e sua

influência no metabolismo lipídico e potencial antioxidante do plasma em ratos. Biosci Biotechnol. Biochem. 67, 907-910.

[11] Rashad, M.M. and Moharib, S. A. (2003) Effect of type and level of dietary fibre supplements in rats. Grasas Y Aceites 3, 277-284.

[12] Nilnakara,S.,Chiewchan,N. and Devahastin,S. (2009) Produção de pó de fibra alimentar antioxidante a partir de folhas exteriores de couve. Food and Bioproducts Process. 87, 301-307.

[13] Jeong, Y.J., Choi, Y.J., Kwon, H.M., Kang, S., Park, H.S., Lee, M., Kang, Y.H.(2005) Inibição diferencial da apoptose induzida por LDL oxidado em células endoteliais humanas aquecidas com diferentes flavonóides. Br. J. Nutr. 93, 581-591.

[14] Constantino, L., Albasini, A., Rastelli, G. and Benvenuti, S. (1992) Activity of polyphenolic crude extracts as scavengers of superoxide radicals and inhibitors of xanthine oxidase. Planta Medica 58, 342-344.

[15] Goel, V., Oorakiul, B. and Basu, T.K. (1997) Cholesterol lowering effects of rhuborb fibre in hypercholesterolemic men. J. Am. Coll. Nutr. 16, 600-604.

[16] Beecher, G.R. (1999) Phytonutrients' role in metabolism: effects on resistance to degenerative processes. Nutr Rev 57, S3-S6.

[17] Hervert-Hernández, D.,García,O.P.,Rosado,J.L. and Goñi, I. (2011) The contribution of fruits and vegetables to dietary intake of polyphenols and antioxidant capacity in a Mexican rural diet:Importance of fruit and vegetable variety Food Res. Internal, 44, 1182-1189.

[18] Anderson, J.W., Deakins, D.A., Floore, T.L., Smith, B.M. e Whitis, S.E. (1990) Dietary fibre and coronary heart disease. Crit. Revs. in Food Sci. and Nutr.29, 95-136.

[19]Terpstra, A.H.M., Lapre, J.A., de Vries, H.T. e Beynen, A.C. (2000) Hypocholesterolemic effect of dietary psyllium in female rats. Ann. Nutr. Metab. 44, 223-228.

[20] Moharib, S.A. (2006) Hypolipidemic effect of dietary fibre in rats.Adv. in Food Sci. 28,1-8.

[21] Bach-Knudsen, K.E., Wisker, E., Daniel, M., Feldhein, W. and Eggum, B.O.(1994) Digestibility of energy, protein, fat and non-starch polysaccharides in mixed diets: Estudos comparativos entre o homem e o rato. Br. J. Nutr. 71, 471-487.

[22] Galibois, I., Destosiers, T., Guevin, N., Lavigne, C. e Jacques, H. (1994) Effect of dietary fibre mixtures on glucose and lipid

metabolism and on mineral absorption in the rat. Ann. Nutr. Metab. 88, 203-211.

[23] Morgan, L., Tredger, J.A., Wright, J.and Marks, R. (1990) The effect of soluble and insoluble fibre supplementation on postprandial glucose tolerance, insulin and gastric inhibitor polypeptide secretion in healthy subjects. Br.J. Nutr. 64,103-110.

[24] Gallaher, C.M., Munion, J., Hesslink, R.J., Wise, J. and Gallaher, D.D. (2000) Cholesterol reduction by glucomannan and chitosan is mediated by changes in cholesterol absorption and bile acid and fat excretion in rats. J. Nutr. 130, 2753-2759.

[25] Alireza, G., Fatemeh, F., Arezoo Z., Negar A., Akbarib, Y., Azarmiec, A. F., Sina, A. e Nasrin, M.D. (2009) O efeito do extrato total das sementes de *Securigera securidaca L.* nos perfis lipídicos séricos, no estado antioxidante e na função vascular em ratos hipercolesterolémicos. J.of Ethnopharmacol. 126, 525-532.

[26] Siddhuraju,P. and Manian, S. (2007) *The antioxidant activity and free radical scavenging capacity of dietary phenolic extracts from horse gram (Macrotyloma uniflorum (Lam.) Verdc.)* seeds Food Chem. 105,950-958.

[27] Jadhav, S.J., Nimbalkar, S.S., Kulkarni, A.D. e Madhavi, D.L. (1995) Lipid Oxidation In Biological and Food Systems. In: Food Antioxidants. Madhavi DL, Deshpande SS & Salunkhe DK (eds). New York.

[28] Crozier, A., Burns, J., Aziz, A.A., Stewart, A.J., Rabiasz, H.S., Jenkins, G.I., Edwards, C.A., Lean, M.E. (2000) Antioxidant flavonols from fruits, vegetables and beverages: measurements and bioavailablility. Biol. Res. 33,79-88.

[29] Choi, E.M., Hwang, J.K. (2005) Efeito de algumas plantas medicinais no sistema antioxidante do plasma e nos níveis de lípidos em ratos. Phytotherapy Res. 19, 382-386.

[30] Ohkawa, H., Ohishi, N., Yagi, K. (1979) Assay for lipid peroxides in animal tissues by thiobarbituric acid reaction. Anal. Biochem. 85, 351-358.

[31] Zhang, H., Chen, F., Wang, X. e Yao, H.Y. (2006) Avaliação da atividade antioxidante do óleo essencial de salsa (*Petroselinum crispum*) e identificação dos seus constituintes antioxidantes. Food Research International 39, 833-839.

[32] Popovi, C.M., Kaurinovi ,C.B., e Jakovljevi, C.V., et al. (2007) Efeito de extractos de salsa (*Petroselinum crispum* (Mill.) Nym. ex A.W. Hill, Apiaceae) em alguns parâmetros bioquímicos de stress oxidativo em ratos tratados com CCl4.Phytotherapy Res. 21, 717-723.

[33] Bravo L, Abia R, Goiii I, Saura-Calixto F. (1995) Possible common properties of dietary fiber constituents and polyphenols. Eur. J. Clin. Nutr. 49, 1-4.
[34] Reyes-Caudillo, E., Tecante, A. and Valdivia-López, M.A. (2008) Teor de fibra alimentar e atividade antioxidante dos compostos fenólicos presentes nas sementes de chia mexicana (*Salvia hispanica L.*) Food Chem. 107,656-663.
[35] El Hilaly, J., Tahraoui, A., Israili, Z.H., Lyoussi, B. (2006) Hypolipidemic effects of acute and subchronic administration of an aqueous extract of *Ajuga iva L.* whole plant in normal and diabetic rats. J. Ethnopharmacol. 105, 441-448.
[36] Kritchevsky, D., Tepper, S.A., Satchithanomdem, S., Cassidy, M.M. e Vahouny, G.V. (1988) Dietary fibre supplements. Effects on serum and liver lipids and on liver phospholipids composition in rats. Lipids. 23,318- 321.
[37] Oda, T., Aoe, S., Sanada, H. e Ayano, Y. (1993) Effect of soluble and insoluble fibre preparations isolated from oat barley and wheat on liver cholesterol accumulation in cholesterol-fed rats. J. Nutr. Sci-Vitaminol. Tóquio 39, 73-79.
[38] Chenni , A., Ait Yahia, D., Boukortt , F.O., Prost, J., Lacaille-Dubois, M.A. e Bouchenak, M. (2007) Effect of aqueous extract of *Ajuga iva* supplementation on plasma lipid profile and tissue antioxidant status in rats fed a high-cholesterol diet.
J. of Ethnopharmacol. 109 , 207-213.
[39] Lowry, O.H., Rosebrough, N.J., Farr, A.L., Randall, R.J. (1951) Protein measurement with the Folin phenol reagent. J. Biol. Chem. 193, 256-275.
[40] Folch, J., Lees, M. and Sloane-Stanley, G.H. (1957) A simple method for the isolation and purification of total lipids from animal tissue. J. Biol. Chem 226, 497-509.
[41] Englyst, H.N. and Cummings, J.H. (1988) Improved method for measurements of dietary fibre as non-starch polysaccharides in plant foods. J. Assoc. Off. Annal. Chem. 71, 808-814.
[42] Wilson, C.M. (1959) Quantitative determination of sugars on paper chromatograms. Anal.Chem.31, 1199-1201.
[43] Marinova, D., Ribarova, F. and Atanassova, M. (2005) Total phenolics and total flavonoids in Bulgarian fruits and vegetables. J.of the Univ.of Chem.Technol. and Metallur. 40, 255-260.
[44] Eskin, N. A. M., Hoehn, E., and Frenkel, C. J. (1978) A simple and rapid quantitative method for total phenols. J. of Agric. and Food Chemist. 26, 973-974.

[45] Zhishen, H., Mengcheng, T. e Jianming, W. (1999) A determinação do teor de flavonóides na amoreira e os seus efeitos de eliminação dos radicais superóxido. Food Chem. 64, 555-559.

[46] Conselho das Comunidades Europeias, (1986) Instruções do Conselho relativas à proteção dos animais vivos utilizados em investigações científicas. Jornal Oficial das Comunidades Europeias (JO 86/609/CEE) L 358, 1-18.

[47] Burstein, M.H.R., Fine, A., Atger, V.,Wirbel, E., Girard-Globa, A. (1989) Rapid method for isolation of two purified sub-fractions of high density lipoproteins by differential dextran sulfate-magnesium chloride precipitation. Biochem. 71, 741-746.

[48] Knight, J.A., Anderson, S. and Rewale, J.M. (1972) Chemical basis of the sulfophos-phovanillin reaction for estimating total serum lipids. Clin. Chem. 18, 199-202.

[49] Trinder, P. (1969) Simple turbidimetric method for the determination of serum cholesterol. Ann. Clin. Biochem. 6, 165-166.

[50] Lopes-Virella, M.F., Stone, P., Ellis, S. and Colwell, J.A. (1977) Cholesterol determination in high-density lipoprotein separated by three different methods. Clin. Chem. 23, 582-584.

[51] Wahlefeld, A.W. (1974) Triglycerides determination after enzymatic hydrolysis. In: H. Bergmeyer. (ed.) Methods of enzymatic analysis, 2nd. ed. inglesa, Verlag Chemie Weinheim e Academic Press, Inc., Nova Iorque e Londres. Nova Iorque e Londres. pp. 183 e segs.

[52] Delsal, J. L. (1944) New procedure for extraction of serum lipids with methylal Application to microdetermination of total cholesterol, phosphoaminolipids, and proteins. Bulletin de la Soci'et'e de chimie Biologique 26, 99-105.

[53] Takayama, M., Itoh, S., Nagazaki, T. and Tanimizzer, I.C. (1977) A new enzymatic method for determination of serum choline containing phospholipids. Clin. Chem Ata 79, 93-95.

[54] Wybenga, D.R. and Inkpen , J.A. (1979) In: Editores (eds) "Principle and Technics" 2nd Ed. Harper and Row Publishers, Nova Iorque, São Francisco e Londres, 1421 pp.

[55] Quintanilha, A.T., Packer, L., Davies, J.M., Racanelly, T.L., Davies, K.J. (1982) Membrane effects of vitamin E deficiency: bioenergetic and surface charge density studies of skeletal muscle and liver mitochondria. Annals of the New York Academy of Sciences 393, 32-47.

[56] Paglia, D.E. and Valentine, W.N. (1967) Studies on the quantitative and qualitative characterization of erythrocyte glutathione peroxidase. J. of Lab. and Clin. Med. 70, 158-169.

[57] Goldberg, D.M. and Spooner, R.J. (1992) Glutathione reductase. In: Bergmeyer, H.U. (Ed.), Methods of Enzymatic Analysis, 2ª ed., Verlag Chemie, Weinheim, Alemanha, pp. 258-265. Verlag Chemie, Weinheim, Alemanha, pp. 258-265.

[58] Elstner, E.F., Youngman, R.J., Obwald, W. (1983) Superoxide dismutase. In: Bergmeyer, H.U. (Ed.), Methods of Enzymatic Analysis, 2.ª ed., Verlag Chemie, Weinheim, Alemanha, (1983) Superoxide dismutase. Verlag Chemie, Weinheim, Alemanha, pp. 293-302.

[59] Fisher, R.A. (1970) Statistical method for research workers, Edinburg et. 14, Oliver and Boyd P. 140-142.

[60] Nyman, M. and Asp, N.G. (1985) Dietary fibre fermentation in the rat intestinal tract: effect of adaptation period, protein and fibre level and particle size. Br. J. Nutr. 54, 635-643.

[61] Rashad, M.M., Moharib, S.A. and Abdou , H.M. (2000) Chemical constituents and nutritive value of 6 local vegetable leaves byproducts. J. Agric. Sci. Mansura Univ. 25, 7229-7238.

[62] Lecumberri, E., Mateos, R., Izquierdo-Pulido, M., Rupérez, P., Goya, L. and Bravo, L. L. (2007) Dietary fibre composition, antioxidant capacity and physico-chemical properties of a fibre-rich product from cocoa (Theobroma cacao). Food Chem. 104, 948-954.

[63] Fuentes-Alventosa, J.M., Jaramillo-Carmona, S., Rodríguez-Gutiérrez, G. Rodríguez-Arcos, R. Fernández-Bolaños, J., Guillén-Bejarano, R., Espejo-Calvo, J.A e Jiménez-Araujo, A. (2009) Effect of the extraction method on phytochemical composition and antioxidant activity of high dietary fibre powders obtained from asparagus by-products Food Chem. 116, 484-490.

[64] Zhang, K. and Das, N.P. (1994) Inhibitory effects of plant polyphenols on rat liver glutathione S transferases, Biochem. Pharmacol. 47, 2063-2068.

[65] Rice-Evans, C.A., Miller, N.J., Paganga, G. (1997) Antioxidant properties of phenolic compounds. Ciência das Plantas 2, 152-159.

[66] Tebib, R., Bitri, L., Besanon, P. e Rouanet J.M. (1994) Polymeric grape seed tannins prevent plasma cholesterol changes in high-cholesterol-fed rats. Food Chem. 49,403-406.

[67] Topping, D.L. (1991) Soluble fibre polysaccharides: Effect on plasma cholesterol and colonic fermentation. Nutr. Revs. 49, 195-203.

[68] Wilson, T., Porcari, J.P., Harbin, D. (1998) Cranberry extract inhibits low density lipoprotein oxidation. Life Sciences 62, 381-386.

[69] El Hilaly, J., Israilli, Z.H., Lyoussi, B. (2003). Estudos toxicológicos agudos e crónicos de Ajuga iva em animais experimentais. J. Ethnopharmacol. 91, 43-50.

[70] Bravo, L., Saura-Calixto,F. and Gohi, I. (1992) Effects of dietary tibre and tannins from apple pulp on the composition of faeces in rats. Br. J. Nutr. 67,463-473.

[71] Sorci-Thomas, M., Wilson, M.D., Johnson, F.L., Williams, D.L., Rudel, L.L., (1989) Studies on the expression of genes encoding apolipoproteins B 100 and B 48 and the low density lipoprotein recetor in nonhuman primates. J. Biol. Chem. 264, 9039-9045.

[72] Ohara,Y., Peterson, T.E., Harrison, D.G. (1993) Hypercholesterolemia increases endothelial superoxide anion production. J. of Clin. Invest. 91, 2546-2551.

[73] Erdincler, D.S., Seven, A., Inci, F., Berger, T., Candan, G. (1997) Lipid peroxidation and antioxidant status in experimental animals : effects of aging and hypercholesterolemic diet. Clin. Chim. Ata 265, 77-84.

[74] Gutierrez, R.V., Perez-Espinosa, A., Vasquez, C.M., Santa-Maria, C. (1999) Effects of dietary fats (fish, olive and high-oleic-acid sunflower oils) on lipid composition and antioxidant enzymes in rat liver. Br. J. Nutr. 82, 233-241.

[75] Mahfouz, M.M. and Kummerow, F.A. (2000) Cholesterol-rich diets have different effects on lipid peroxidation, cholesterol oxides, and antioxidant enzymes in rats and rabbits. J. Nutr. 11, 293-302.

[76] Uysal, M., Kutalp, G., Seckin, S. (1988) The effect of cholesterol feeding on lipid peroxide, glutathione peroxidase and glutathione transferase in the liver of rats. Int. J.Vit. Nutr. Res. 58, 339- 342.

Capítulo 4

Efeito hipoglicémico da fibra alimentar em ratos diabéticos

Sorial A. Moharib e S.A. El-Batran

Departamento de Bioquímica, Centro Nacional de Investigação, Cairo, Egipto.

Resumo

O presente estudo diz respeito à utilização de fibra alimentar de folhas de uva do Egipto (*Vitis vinifera*) no tratamento de ratos diabéticos com estreptozotocina (STZ). As análises químicas da fibra alimentar das folhas de uva secas e moídas revelaram a presença de quantidades mais elevadas de polissacáridos não amiláceos totais NSP (491,2±6,4 g/kg), contém celulose (96,4±3,2 g/kg), NSP insolúveis e solúveis (337,4±3,4 e 153,8±2,8 g/kg, respetivamente). A análise química das NSP totais (NSP solúveis e insolúveis) revelou a presença de uma quantidade mais elevada de ácido urónico (112,3±3,2 g/kg), bem como diferentes quantidades de monossacáridos, constituídos principalmente por glucose, galactose, manose, arabinose e xilose. Os efeitos hipoglicémicos e hipolipidémicos da fibra alimentar das folhas de uva (calculada como NSP total) em ratos diabéticos com estreptozotocina (STZ), bem como o teste da função hepática, foram estudados durante um período de 8 semanas. Os ratos diabéticos foram divididos em 4 grupos e cada um foi administrado com uma de quatro doses diferentes de NSP total (50,100,150 ou 200 mg/kg, respetivamente). Foram observadas reduções significativas mais elevadas nos níveis de glicose (160,1±9,4 e 210,1±10,8 mg/dl, respetivamente) e de colesterol (110,8±9,4 e 137,2±9,8 mg/dl, respetivamente) em dois grupos (grupos de ratos 2 e 4) administrados com doses de 100 e 200 mg de fibra alimentar/kg, particularmente às 8 semanas. Foram observadas reduções significativas nos níveis de glicose e colesterol (340,4±8,9, 310±9 e 150,4±7,1, 145,2±9,6 respetivamente) noutros grupos de ratos (grupos 1 e 3) administrados com doses de 50, 150 mg de fibras alimentares/kg. Foi observada uma diminuição significativa mais elevada dos níveis de triglicéridos (180,8±9,2 mg/dl) no plasma de ratos administrados com a dose de 100 mg/kg (grupo 2), enquanto as outras doses (50,150 e 200 mg/kg) apresentaram diminuições gradualmente significativas (254,9±9,6, 366,8±8,6 e 366,7±9,4 mg/dl, respetivamente).A maior redução dos níveis de glicose, colesterol e triglicéridos foi observada nos ratos administrados com doses de 100 e 200 mg/kg de fibra alimentar (61, 38% e 54, 49% e 23, 9%, respetivamente), enquanto que foi observada uma menor redução nos grupos de ratos administrados com doses de 50 e 150 mg/kg de fibra alimentar (30, 16, 9 e 16, 19 e 6%, respetivamente). O estudo sobre o efeito hipoglicémico da fibra alimentar em diferentes doses indicou uma redução significativa do nível de glicose plasmática dos ratos diabéticos em 16-61%. As doses de fibra alimentar também tiveram um efeito de redução nas actividades de ALP, ALT e AST no soro de ratos diabéticos. Os resultados mostraram uma diminuição significativa da atividade da ALP e da ALT no plasma de ratos diabéticos administrados com doses de 100 e 200 mg/kg de fibra alimentar (13,8±0,5, 36,3±5,1 e 17,2±1,1, 39,1±4,5 U/dl, respetivamente). Foram observadas diferenças insignificantes noutros 2 grupos de ratos diabéticos aos quais foram administradas doses de 50 e 150 mg de fibra alimentar/kg (grupo 1 e 4). Foi observada uma redução acentuada dos valores de ALP e ALT (29 e 33%, respetivamente) no grupo 2, mais do que nos outros três grupos (9,3, 13, 12, 15% e 11, 28%, respetivamente). Os resultados também mostraram uma diminuição gradual significativa das actividades de AST no plasma de todos os grupos de ratos experimentais ao longo de 8 semanas. De acordo com estes resultados, pode concluir-se que a fibra alimentar das folhas de uva tem efeitos hipoglicémicos e hipolipidémicos em ratos diabéticos com STZ.

INTRODUÇÃO

A fibra alimentar foi definida anteriormente como os polissacáridos vegetais e a lenhina, que são resistentes à hidrólise pelas enzimas digestivas do homem[33,53]. A fibra alimentar tem sido um dos interesses alimentares mais duradouros desta década em todo o mundo. Trata-se de uma mistura de uma variedade de polissacáridos, celulose, hemiceluloses, pectinas, gomas, mucilagens, polissacáridos de algas e lenhina, que se verificou terem um efeito hipoglicémico[32,41]. Eastwood e Morris[14] e Galibois et al[20] referiram que os principais constituintes da fibra alimentar ou dos hidratos de carbono indisponíveis são os polissacáridos não amiláceos (PNA), que têm acções fisiológicas no trato gastrointestinal e inibem a absorção de glicose e a sua captação[12,27,28,37], estudaram o papel das fibras viscosas e fermentáveis no tratamento da diabetes mellitus.Atualmente, recomenda-se o aumento da ingestão de fibras vegetais na dieta para reduzir os lípidos plasmáticos em pessoas com hiperlipidemia e melhorar o controlo. Foi observada uma diminuição dos níveis de glicose no soro de animais que receberam uma mistura de NSP solúveis e insolúveis[20,39]. Outros trabalhadores relataram efeitos redutores de diferentes tipos de fibras alimentares nos lípidos plasmáticos e na resposta glicémica em ratos[13,35,38], tendo concluído que os polissacáridos vegetais apresentam uma atividade hipoglicémica e hipolipidémica. A maior redução da resposta glicémica a uma refeição de teste foi observada com a fibra solúvel[39], que aumenta a viscosidade do conteúdo gastrointestinal[12] e, por conseguinte, retarda a taxa de digestão e absorção dos hidratos de carbono[7,40]. No entanto, a solubilidade da fibra alimentar (NSP) em água e ácidos diluídos é fisiologicamente importante em estudos com animais e humanos[27]. A diabetes mellitus é um dos problemas mais comuns que desafiam os médicos no século XXI[4,8]. A diabetes mellitus foi definida como uma doença crónica do metabolismo dos hidratos de carbono, mas o metabolismo dos lípidos e das proteínas também é afetado[2,34]. Outros autores definiram a diabetes mellitus como uma doença crónica do metabolismo da glicose resultante da disfunção das células beta pancreáticas e da resistência à insulina[42,47]. A hiperglicemia crónica da diabetes está associada a danos a longo prazo, disfunção e falência de vários órgãos, especialmente os olhos, os rins, os nervos, o coração e os vasos sanguíneos[2,10,11,54]. A utilização atual da fibra alimentar na medicina natural inclui a sua utilização em todos os tipos de perturbações do fígado e da vesícula biliar, na diabetes e em doenças com colesterol elevado[15,50,56]. Por conseguinte, o presente estudo foi concebido para investigar o efeito da fibra alimentar nos níveis de glicose e de lípidos em ratos diabéticos induzidos por produtos químicos (SZT).

MATERIAIS E MÉTODOS

Materiais:

C O material folhoso fresco de folhas de uva (Vitis vinifera) foi recolhido num ambiente local egípcio. Foram cortadas em pequenos pedaços e depois secas numa estufa a 60-80 °C até atingirem um peso constante. Finalmente, as folhas secas foram moídas num moinho de alimentos (picadora) até se obter um pó muito fino e armazenadas à temperatura ambiente até serem utilizadas para análises da composição química. C A estreptozotocina (STZ) foi obtida da empresa química Sigma e utilizada como agente diabetogénico.

Isolamento e análise de fibras alimentares

Os lípidos foram extraídos com uma mistura de clorofórmio e metanol (2:1 v/v), de acordo com o método descrito por Folch et al[18]. As proteínas foram extraídas de acordo com o método de Goel et al[22]. O resíduo desengordurado e desproteinizado foi liofilizado a -60<C, moído em moinho e utilizado como fonte de fibras alimentares. Suplementos (NSP) Os polissacáridos totais não amiláceos (NSP), solúveis ou insolúveis, e os seus componentes de ácido uorónico foram estimados de acordo com o método descrito por Englyst e cummings[1 6] . Foram igualmente efectuadas determinações qualitativas e quantitativas dos monossacáridos nos PNA totais (PNA solúveis e insolúveis)[58].

Animais e indução de diabetes:

Cento e quarenta ratos albinos machos (Rattus norvgicus), com 9 semanas de idade e pesando cada um cerca de 130 g, foram adquiridos à

Organização Egípcia de Produtos Biológicos e Vacinas. Os ratos foram então divididos em 5 grupos (28 ratos/grupo) com base no seu peso corporal e alojados individualmente em gaiolas de rede metálica. Os ratos tiveram livre acesso a alimentos e água da torneira e foram mantidos durante um período de 8 semanas. O primeiro grupo foi injetado intraperitonealmente com 1 ml de tampão citrato (0,01 M), pH 4,5 e utilizado como grupo de controlo e os outros 4 grupos foram tornados diabéticos por injeção intraperitoneal da solução preparada de STZ (dissolvida em solução tampão citrato-fosfato 0,1 M, pH 4,5) numa dose de 65 mg/Kg de peso corporal e utilizados como grupos experimentais de ratos diabéticos[5]. Após 72 horas, foram colhidas amostras de sangue utilizando tubos capilares heparinizados. Os ratos dos grupos diabéticos (injeção intraperitoneal de STZ) com glicemia superior a 300 mg/dL foram excluídos do estudo. Os ratos de 4 grupos diabéticos (segundo, terceiro, quarto e quinto) foram tratados com uma dose de 1 ml de solução de fibra alimentar (contendo 50, 100, 150 ou 200 mg/ml, respetivamente) durante todo o período experimental (8 semanas). A dosagem de uma solução preparada de fibra alimentar que pode ser administrada diariamente por via oral é de 1 ml contendo diferentes concentrações de fibra alimentar durante um período de 8 semanas. Todos os ratos do presente estudo foram alimentados com uma dieta comercial de pellets obtida no laboratório animal NRC. Foram testados os efeitos hipoglicémicos e hipolipidémicos no plasma do grupo de ratos diabéticos em comparação com o grupo de controlo.

Ensaio bioquímico:

As amostras de sangue dos animais experimentais foram colhidas de duas em duas semanas, utilizando

O plasma foi separado por centrifugação a 1100 x g durante 10 minutos. As análises químicas do plasma separado foram efectuadas utilizando o kit Boehringer-Mannheim para estimar as concentrações plasmáticas de glucose e colesterol [5 1 , 5 2] e triglicéridos [5 7] . A fosfatase alcalina (ALP) foi estimada utilizando o kit Lab. A alanina aminotransferase (ALT) e a aspartato aminotransferase (AST) foram também estimadas utilizando o kit da QCA[46].

Análise estatística

Os dados foram expressos como valores médios ± SE . As diferenças estatísticas [17] foram consideradas significativas quando $p < 0,05$ e altamente significativas quando $p < 0,001$.

RESULTADOS E DISCUSSÃO

Constituintes da fibra alimentar: As análises químicas da fibra alimentar seca e moída (cinco amostras) revelaram a presença de quantidades mais elevadas de polissacáridos não amiláceos totais NSP (491,2 ± 6,4 g/kg). A quantidade de NSP insolúveis (337,4±3,4 g/kg), forma que dá o nível mais elevado (69%) de NSP totais, e quase duas vezes a quantidade de NSP solúveis (153,8±2,8 g/kg). A análise química das NSP totais revelou a presença de celulose (96,4±3,2 g/kg) e uma quantidade mais elevada de monossacáridos (cada NSP solúvel e insolúvel), constituídos principalmente por glucose (84.7±5,2 g/kg), galactose (80,3±3,2 g/kg), manose (62,2±1,2 g/kg), arabinose (41,7±1,4 g/kg), xilose (12,9±0,8 g/kg) e ácido urónico (112,3±3,2 g/kg). Estes resultados estão de acordo com os registados por outros investigadores[43,45]. Em geral, os principais constituintes são monossacáridos, geralmente provenientes de glucomanano, galacto-manano, arabino-galactano[9] e cadeias laterais de substâncias pectónicas. As quantidades mais elevadas de monossacáridos no NSP total no presente estudo compreendem principalmente galactose (80,3±3,2 g/kg) e manose (62,2±1,2 g/kg) ou galactose (80,3±3,2 g/kg) e arabinose (41,7±1,4 g/kg), que normalmente se encontram no galactomanano (unidades de galactose e manose) provenientes da pectina e da cadeia lateral de galactano e arabinogalactano de substâncias pécticas, respetivamente. Estas fibras alimentares (NSP totais) assemelham-se à goma de guar (fibra em gel) em

Os autores demonstram que os diferentes efeitos das fibras alimentares são dependentes do tipo (dose, estrutura, NSP solúveis e insolúveis, nível, tamanho das partículas) e da duração da experiência[44]. As fibras alimentares dos produtos vegetais podem afetar a biodisponibilidade, prejudicando a absorção de minerais[59,60], o que é tradicionalmente atribuído ao teor de ácido urónico das fibras alimentares[27]. Outros investigadores obtiveram resultados semelhantes utilizando diferentes fontes de fibra[23,44,45]. A fibra alimentar de algumas plantas contém grandes quantidades de manano, um poilsacárido inabsorvível, composto por glucose e manose, numa proporção de 1:1,6, ligado através de ligações beta-1,4-glicosídicas, consumido em diferentes países. O interesse recente na fibra alimentar resulta da maior sensibilização do público para os efeitos das dietas ricas em fibra nos problemas de saúde, como a diabetes, a hipoglicemia pós-prandial, as hiperlipidemias, várias perturbações gastrointestinais, alguns cancros e a obesidade. Estudos realizados em ratos mostraram que as fibras alimentares formam géis à volta das partículas alimentares, interferindo com a ação das enzimas digestivas e abrandando assim a velocidade a que os açúcares e as gorduras entram na corrente sanguínea. Foi sugerido que a fibra modifica a resposta das hormonas intestinais, como já foi demonstrado para o glucomanano e sugerido para o glucagon. A fibra pode também afetar diretamente o metabolismo das gorduras e das proteínas[21,29,49,55].

Quadro 1: Níveis de glicose, colesterol total, triglicéridos, ALP, ALT e AST no plasma de ratos normais e diabéticos (os valores são a média e o erro padrão de 7 ratos/grupo).

Componente	Normal	Diabético
Glicose	118.6±1.8	417.6±4.2
Colesterol total	102.2± 1.4	178.5±6.3
Triglicéridos	176.4±2.2	390.1±7.4
ALP (k & kU/dL)	10.4±0.4	19.4±0.4
ALT	24.5±0.6	54.5±2.8
AST	46.2±1.4	66.2±3.2

* Significativo (P<0,05) ** Muito significativo (P<0,01)

Parâmetros séricos:

Os resultados da Tabela (1) mostraram que os níveis de glicose, colesterol total e triglicéridos no grupo de ratos injectados com solução tampão de citrato-fosfato (0,1 M, pH, 4,50) foram 118,6+1,6, 102,2+1,4 e 176,4+2,2 mg/dl, respetivamente. Os níveis de ALP, ALT e AST foram de 10,4±0,4, 24,5±0,6, 46,2±1,4, respetivamente, utilizados como grupo de controlo. Os 4 grupos de ratos diabéticos injectados interpritonealmente com STZ apresentam níveis mais elevados de glicose, colesterol e triglicéridos (417,6+4,2, 178,5+6,3 e 390,1+7,4 mg/dl, respetivamente), sendo os níveis de ALP, ALT e AST de 19,4±2,0, 54,5±2,8 e 66,2±3,2, respetivamente. Estes resultados mostraram uma concentração de glucose no plasma de ratos diabéticos superior a 300 mg/dl e foram utilizados como ratos diabéticos experimentais (4 grupos), mantidos até períodos experimentais de 8 semanas. O nível plasmático elevado de triglicéridos e de colesterol total nos animais diabéticos pode dever-se a uma função hepática deficiente causada pelos danos provocados pela estreptozotocina, que actua direta ou indiretamente através do aumento do nível de glucose no plasma[8,55]. O resultado na Tabela (2) também mostrou que os grupos de ratos diabéticos (Grupo 2 e 4) administrados com diferentes doses de fibras dietéticas (100, 200 mg/kg) têm maiores reduções significativas nos níveis de glucose (160,1±9,4 e 210,1±10,8 mg/dl, respetivamente) e colesterol (110,8±8,4 e 137,2±9,8 mg/dl, respetivamente). Foram observadas reduções significativas nos níveis de glicose e colesterol (240,4±8,9, 310±9,1 e 150,4±7,1, 145,2±9,6, respetivamente) em ratos (Grupos 1&2) administrados com doses de 50, 150 mg de fibras alimentares /kg. Foi

observada uma diminuição significativa mais elevada dos níveis de triglicéridos (180,8±9,2 mg/dl) no plasma de ratos administrados com 100 mg/kg (grupo 2), enquanto os outros grupos (1, 3 e 4) administrados com doses de fibra alimentar (50,150 ou 200 mg/kg, respetivamente), exibiram diminuições gradualmente significativas (354,9±9,6, 366,8±8,6 e 356,7±9,4 mg/dl, respetivamente). No entanto, a maior redução dos níveis de glicose, colesterol e triglicéridos foi observada nos ratos administrados com 100 e 200 mg/kg de fibra alimentar (61%, 38% e 54%; e 49%, 23% e 9%, respetivamente), enquanto que uma menor redução foi observada nos grupos de ratos administrados com doses de 50 e 150 mg/kg de fibra alimentar (30%, 16%, 9% e 16%, 19%, 6%, respetivamente). O estudo sobre o efeito hipoglicémico da fibra alimentar em diferentes doses de 50, 100, 150 e 200 mg/kg de peso corporal indicou uma redução significativa do nível de glicose plasmática dos animais diabéticos de 16 a 61%, como mostra o quadro 2. No entanto, as diferentes alterações
Foram observados resultados positivos nos níveis plasmáticos de glicose, colesterol e triglicéridos ao longo das 8 semanas, em comparação com o grupo de controlo. Estudos efectuados em indivíduos normais aos quais foram administradas cargas de glicose mostraram que 5-10 gramas de fibras alimentares podem ser benéficas, diminuindo os níveis de glicose no plasma e a resposta à insulina[26]. Pensa-se que a sua utilidade no tratamento da diabetes se deve à capacidade das fibras alimentares para retardar o esvaziamento do estômago, modificar as respostas das hormonas gastrointestinais e atrasar a difusão da glicose no lúmen intestinal. No entanto,

Quadro 2: Níveis de glicose, colesterol total, triglicéridos, ALP, ALT e AST no plasma de ratos diabéticos tratados com diferentes doses de fibra alimentar. (os valores são a média e o erro padrão de 7 ratos/grupo).

Componente	Tempo em semanas	Grupos de ratos tratados			
		Grupo1 (50mg/kg)	Grupo2 (100mg/kg)	Grupo3 (150mg/kg)	Grupo4 (200mg/kg)
Glicose (mg/dl)	2	402.2±6.2*	350.4±* 8.5**	388.2±9.5*	376.2±8.9**
	4	377.1±8.2*	290.6±7.9**	385.3±10.3*	330.4±8.8**
	6	350.6±9.2*	237.2±7.6**	381.6±11.8*	270.1±9.1**
	8	240.4±8.9**	160.1±9.4**	310.1±9.1**	210.6±10.8**
Colesterol total (mg/dl)	2	164.2±2.6*	155.2±6.4**	164.2±5.2*	153.2±4.8**
	4	162.8±4.4*	142.6±6.4**	153.9±9.9*	146.6±7.9**
	6	152.9±6.2*	120.4±7.5**	148.1±8.4*	142.1±9.4**
	8	150.4±7.1*	110.8±8.4**	145.2±9.6*	137.2±9.8**

Triglicéridos (mg/dl)	2	358.6±8.4*	336.1±7.4**	80.2±6.2	378.3±7.6
	4	357.4±8.4*	296.8±7.4**	368.9±9.9	368.0±8.9
	6	355.6±9.8*	240.4±7.8**	367.2±9.4	358.5±8.6
	8	354.9±9.6*	180.8±9.2**	6.8±8.6	356.7±9.4
ALP(K&KU/dl	2	18.6±0.4	17.9±0.6*	18.0±0.6	18.1±0.6*
	4	17.9±0.7	17.6±0.7*	17.7±0.8	17.8±0.8*
	6	17.6±0.9	16.8±0.8**	17.5±0.9	17.5±0.9*
	8	17.8±0.8	13.8±0.5**	17.1±1.2	17.2±1.1*
ALT(UI/L)	2	51.6±2.9	43.6±4.3*	52.9±3.2	50.4±4.4*
	4	49.4±3.1	38.9±4.6*	48.8±3.8	42.5±3.2*
	6	48.3±3.9	36.3±5.1*	47.4±4.2	41.8±5.4*
	8	47.2±3.6	36.3±5.1**	46.6±4.8	39.1±4.5*
AST(IU/L)	2	58.4±2.1*	52.7±3.6*	60.4±2.8*	59.4±4.8*
	4	53.7±3.1*	50.3±4.7*	58.4±3.2*	55.8±4.2*
	6	51.6±4.2*	49.8±5.3*	53.8±3.1*	53.2±3.8*
	8	49.0±5.2*	48.1±5.6**	50.6±5.8*	51.8±4.1*

* Significativo (P<0,05) ** Muito significativo (P<0,01)

os resultados dos indivíduos diabéticos do grupo 2 mostraram um efeito positivo destas fibras alimentares na redução do nível de glucose no sangue, indicando que as fibras alimentares são eficazes no tratamento e gestão da diabetes[25]. O efeito de redução da glicose plasmática das fibras alimentares pode ser explicado pelo facto de poderem ter aumentado a utilização da glicose em animais diabéticos, promovendo a secreção de insulina. Esta observação foi registada por outros investigadores[2 4] . A atividade hipoglicemiante e hipolipidémica da fibra alimentar também foi referida por outros investigadores[20,31,38]. Os níveis plasmáticos de triglicéridos e de colesterol total têm uma correlação significativa com o grau de controlo dos ratos diabéticos[21,30]. A diminuição substancial do nível de triglicéridos e de colesterol total nos animais diabéticos através da fibra alimentar reforça o seu potencial hipoglicémico e hipolipidémico. Os níveis séricos de colesterol e de colesterol de lipoproteínas de baixa densidade (LDL) foram significativamente reduzidos nos grupos de ratos tratados com fibra alimentar[3], os suplementos de glucomanano estão a tornar-se agentes importantes para o controlo do peso[11]. Existe alguma preocupação quanto ao facto de o efeito das fibras alimentares no retardamento do tempo de trânsito dos hidratos de carbono poder influenciar a biodisponibilidade dos minerais[7,59,60], que relataram o efeito dos hidratos de carbono indisponíveis na absorção intestinal de minerais (cálcio) em ratos durante um período de 7 a 8 semanas e concluíram que este compromisso se devia parcialmente à perda de proteínas de ligação ao cálcio causada pelo trânsito gastrointestinal de grandes quantidades de alimentos não digeridos.

Função hepática:

Os presentes resultados (Quadro 1) revelaram um aumento significativo dos níveis de ALP,

ALT e AST no grupo de ratos diabéticos (19,4±0,4, 54,5±2,8 e 66,2±3,2 mg/dl, respetivamente) em comparação com o grupo de controlo (10,4±0,4, 24,5±0,6 e 46,2±1,4, respetivamente). As actividades de ALP, ALT e AST estão aumentadas quando o fígado funciona de forma anormal[10,4 5]. A biossíntese da ureia envolve a ação de várias enzimas (transaminação-determinação oxidativa-transporte de amoníaco e reação da ureia), pelo que o estudo das enzimas da função hepática foi realizado no presente estudo para descobrir o efeito destas doses de fibra alimentar na atividade das enzimas da função hepática. Os resultados do quadro 2 mostram que todas as doses de fibras alimentares tiveram um efeito de redução nas actividades de ALP, ALT e AST no soro de ratos diabéticos em comparação com o grupo de controlo. Estes efeitos estão principalmente relacionados com a presença de NSP solúveis e insolúveis naturais da fibra alimentar, bem como com os seus constituintes monossacáridos[1,44], que tiveram efeitos na digestão intestinal e na absorção de nutrientes[59,60]. Observação semelhante foi encontrada por outros investigadores[20,36,45]. Os resultados na Tabela 2 mostraram uma diminuição significativa na atividade de ALP e ALT no plasma de ratos (Groyup 2 & 4) administrados com doses de 100 e 200 mg/kg de fibra dietética (13,8±0,5, 36,3±5,1 e 17,2±1,1, 39,1±4,5 U/dl, respetivamente). Foram observadas diferenças insignificantes noutros 2 grupos de ratos aos quais foram administradas doses de 50 e 150 mg de fibra alimentar/kg (grupo 1 e 4). Observou-se uma redução acentuada (29% e 33%, respetivamente) nos valores de ALP e ALT no grupo 2 (100 mg/kg), mais do que nos outros grupos 1,2,3 (9,3,13 %, 12,15 % e 11,28 %, respetivamente). Os resultados também mostraram uma diminuição gradual significativa das actividades AST no plasma de todos os grupos de ratos experimentais ao longo de 8 semanas. Outros investigadores registaram resultados semelhantes [19,45]. Isto significa que as fibras alimentares podem desempenhar um papel corretivo na função hepática, quer reduzindo o nível de glicose no sangue, quer através de outros mecanismos, o que, por sua vez, reduziu o nível de triglicéridos e de colesterol total no plasma sanguíneo dos animais diabéticos. Embora o mecanismo exato da fibra alimentar não seja devidamente compreendido, o estudo acima sugere que uma combinação de mecanismos pode estar envolvida na exibição de efeitos hipoglicémicos e hipolipidémicos da fibra alimentar utilizada no presente estudo.

REFERÊNCIAS

1. Alan, R., M.D. Gaby e M.S. Trina, 2002. Treatment of diabetes with natural therapeutics. ht tp:/ /www.natrualhealthvillage .com/report s/ diabetes.htm.
2. António, C., 2005. Progressão das complicações a longo prazo da diabetes mellitus dependente de insulina. N. Engl. J. Med., 332: 1217-1219.
3. Arvill, A. e L. Bodin, 1995. Effect of short-term ingestion of konjac glucomannan on serum cholesterol in healthy men. Am J. Clin. Nutr. 61: 585-589.
4. Bailey, C.C., 2002. Diabetes, Ind. J. Exp. Biol., 37: 190-192.
5. Bell, R.H. e R.J. Hye, 1983. Modelos animais de diabetes mellitus: fisiologia e patologia. J. Surgical Research, 35: 433-460.
6. Belfield, A. e D. Goldberg, 1971. Revised assay for serum phenol phosphatase activity using 4- aminoantipyrine. Enzyme, 12: 561.
7. Bennami-Kabochi, H., Y. Fdhil, F. Cherrah, E.L. Bouayadi, L. Kohel e G. Marquie,
2000. Efeito terapêutico das folhas de Olea europea var. Oleaster nos lípidos e hidratos de carbono
metabolismo em ratos obesos e pré-diabéticos (Psammomys obesus). Ann. Pharm.
P., 58: 4271-4277.
8. Bennet, C., 2004. Distribuição do metabolismo dos hidratos de carbono, proteínas e gorduras na diabetes. J. Diabet. Assoc. India, 4: 256-259.
9. Brillouet, J.M., C. Bosso e M. Moutounet, 1990. Isolamento, Purificação e Caracterização de uma Arabinogalactana de um Vinho Tinto. Am. J. Enol. Vitic., 41: 29-36.
10. Bursch, W. e R. Schulte-Hermann, 1986. Cytoprotective effect of the prostacyclin derivative iloprost against liver cell death induced by the h e p a t o t o x in s c a rbon t e t r a c hloride and bromobenzene. Klin. Wochenschr., 64: 47-50.
11. Cairella, M. e G. Marchini, 1995. Avaliação da ação do glucomanano sobre os parâmetros metabólicos e sobre a sensação de saciedade em pacientes com excesso de peso e obesidade. Clin-Ter., 146: 269-274.
12. Cameron-Smith, D., G.R. Collier e K. Odea, 1994. Effect of soluble dietary fibre on the viscosity of gastrointestinal content and the acute glycaemic response in the rat. Br. J. Nutr., 71: 563-571.
13. Chi-Fai Chau, Ya-Ling Huang e Mao-Hsiang Lee, 2003. Hipoglicémico in vitro

Efeitos de Diferentes Fracções Ricas em Fibra Insolúvel Preparadas a partir da Casca de Citrus Sinensis L. cv. Liucheng. J. Agric. Food Chem., 51: 6623-6626.

14. Eastwood, M.A. e E.R. Morris, 1992. Propriedades físicas da fibra alimentar que influenciam a função fisiológica: Um modelo para polímeros ao longo do trato intestinal. Am. J. Clin. Nutr., 55: 436-442.
15. Easwaran, P., U. Mageshwari e G. Narayanan, 1991. Therapeutic use of globe artichoke in Non - Insulin dependent diabetes mellitus and hypercholesterolemia. The ind. J. Nutr. Dietet., 28: 321-326.
16. Englyst, H.N. e J.H. Cummings, 1988. Método melhorado para a medição da fibra alimentar como polissacáridos não amiláceos em alimentos vegetais. Anal. Chem., 71: 808-814.
17. Fisher, R.A., 1970. Statistical method for research workers, Edinburg et. 14, Oliver and Boyd, pp: 140-142.
18. Folch, J., M. Lees e G.H. Sloane-Stanley, 1957. A simple method for the isolation and purification of total lipids from animal tissue. J. Biol. Chem., 226: 497-509.
19. Galibois, I. e L. Savoie, 1987. Relação entre o efluente intestinal de aminoácidos no rato e os produtos da digestão proteica in vitro. Nutr. Res., 7: 67- 82.
20. Galibois, I., T. Destosiers, N. Guevin, C. Lavigne e H. Jacques, 1994. Effect of dietary fibre mixtures on glucose and lipid metabolism and on mineral absorption in the rat. Ann. Nutr. Metab., 38: 203-211.
21. Gallaher, C.M., J. Munion, R.J. Hesslink, J. Wise e Gallaher, D. D. (2000). Cholesterol reduction by glucomannan and chitosan is mediated by changes in cholesterol absorption and bile acid and fat excretion in rats. J. Nutr., 130: 2753-2759.
22. Goel, U., R.L. Kawatre e S. Bajai, 1978. Estudo sobre a aceitabilidade de algumas receitas com concentrado proteico de folhas de couve-flor. Ind. Fd. Pack., 32: 19-21, CF FSTA5, G312.
23. Goel, V., B. Oorakiul e T.K. Basu, 1997. Cholesterol Lowering effects of rhuborb fibre in hypercholesterolemic men. J. Am. Coll. Nutr., 16: 600-604.
24. Gray, A.M. e P.R. Flatt, 1998. Insulin-releasing and insulin-like activity of Agaricus campestris (mushroom). J. Endocrinol, 157: 259-266.
25. Grover, J.K., S. Yadav e V. Vats, 2002. Plantas medicinais da Índia com propriedades anti-diabéticas
potencial, J Ethnopharmacol, 81: 81-100.
26. Huang, C.Y., et al. 1990. Efeito do alimento konjac no nível de glucose no sangue em pacientes com diabetes. Biomed. Environ. Sci., 3: 123.

27. Jackson, K.G., G.R.J. Taylor, A.M. Clohessy e C.M. Williams, 1999. The effect of the daily intake of inulin on fasting lipid, insulin and glucose concentrations in middle-aged men and women. Br. J. Nutr., 82: 23-30.
28. Johnson, I.T. e J.M. Gee, 1986. Effect of gelforming gums on the intestinal unstirred layer and sugar transport in vitro. Gut., 22: 398-403.
29. Johnson, I.T. e J.M. Gee, 1986. Gastrointestinal adaptation in response to soluble non-available polysaccharides in the rat. Br. J. Nutr., 55: 497-505.
30. Kamalakkanan, N. e P.S. Prince, 2003. Hypoglycemic effect of water extracts of Aegle marmelos fruits in streptozotocin-diabetic rats. J Ethnopharmacol, 87: 207-210.
31. Kiho T., S Itahashi, M Sakushima, T Matsunaga, S Usui, S Ukai, H Mori, H Sakamoto e Y Ishiguro, 1997. Polissacarídeo em fungos, XXXVIII. Atividade antidiabética e caraterística estrutural do galactomanano elaborado por espécies de Pestalotiopsis. Biol. Pharm. Bull, 20: 118-121.
32. Lafrance, L., R. Rabasa, D. Poisson, F. Ducros e J.L. Chiassion, 1998. Effects of different glycemic index food and dietary fiber intake on glycemic control in Type I diabetic patients on intensive insulin therapy Diabet. Med., 15: 972-978.
33. Lee, S. e L. Prosky, 1995. International survey on dietary fibre Definição, análise e materiais de referência. J. Assoc. off. Anal Chem. Int., 78: 22- 36.
34. Lusi, S., D. Torres, M. Puchula e R. Redando, 2000. Muscle insulin sensitivity in Type 2 diabetes. Clin. Endocrinal. Metab., 8: 140-141.
35. Mangola, E.N., 1990. Utilização de medicamentos tradicionais em diabéticos mellitus, Diabet. Care, 13: 8. 36. Moharib, S.A., 1999. Valores biológicos da proteína de Pichia pinus e da fibra alimentar de resíduos de manga em ratos. Bull. Fac. Pharm. Cairo, Univ., 37: 38-43.
37. Moharib, S.A., 2000. Estudos sobre a atividade enzimática intestinal e os valores nutritivos das fibras alimentares em ratos. Bull. Fac. Agric. Cairo, Univ., 51: 431-446.
38. Moharib, S.A., 2006. Hypolipidemic effect of dietary fibre in rats. Advance in Food Sci., 28: 46-53.
39. Morgan, L., J.A. Tredger, J. Wright e R. Marks, 1990. The effect of soluble and insoluble fibre supplementation on postprandial glucose tolerance, insulin and gastric inhibitor polypeptide secretion in healthy subjects. Br. J. Nutr., 64: 103-110.

40. Onning, G. e N.G. Asp, 1995. Effect of oat saponin and different types of dietary fibre on the digestion of carbohydrates. Br. J. Nutr., 74: 229-237.
41. Prasad, N.N., M.F. Khanu, M. Siddalingaswamy e K. Santaram, 1995. Proximate composition and dietary fiber content of various food/rations processed to suit the Indian palate. Food Chem, 52: 371-378.
42. Ramachandran, A. e R. Pathak, 2002. Epidemiology of Type II diabetes in Indian. Int. J.Diab. Dev. Countries, 15: 42-45.
43. Rashad, M.M., S.A. Moharib e H.M. Abdou, 2000. Constituintes químicos e valor nutritivo de 6 subprodutos de folhas de vegetais locais. J. Agric. Sci. Mansura Univ., 25: 7229-7238.
44. Rashad, M.M. e S.A. Moharib, 2003. Effect of type and level of dietary fibre supplements in rats. Grasas y. Aceites, 54: 277-284.
45. Rashad, M.M. e S.A. Moharib, 2008. Estudos do efeito de algumas fibras de folhas de plantas nas principais enzimas hepáticas que medeiam o metabolismo dos hidratos de carbono e dos lípidos em ratos. Advance in Food Sci., 1: 1-8.
46. Reitman, S. e S. Frankel, 1957. A colorimetric method for determination of serum glutamic oxaloacetic and glutamic transaminases. J. Lab. Clin. Med., 48: 56.
47. Safdar, M., M.M. Khattak e M. Siddique, 2004. Effect of various doses of cinnamon on blood glucose in diabetic individuals. Pak. J. Nutr., 3: 268-272.
48. Sapuntzakis, M.S., P.E. Bowen, E.A. Hussain, B.I. Damayanti-wood e N.R. Farnsworth, 2001. Composição química e potenciais efeitos na saúde das ameixas secas: Um alimento funcional. Crit. Rev. Food. Sci. and Nutr., 41: 251-286.
49. Shima, K., A. Tanaka, H. Ikegami, M. Tabata, N. Sawazaki e Y. Kumahara, 1983. Effect of dietary fiber, glucomannan, on absorption of sulfonylurea in man. Horm. Metabol. Res., 15: 1-3.
50. Terpstra, A.H.M., J.A. Lapre, H.T. De-Vries e A.C. Beynen, 2000. Hypocholesterolemic effect of dietary psyllium in female rats. Ann. Nutr. Metab., 44: 223-228.
51. Trinder, P., 1969a. Determinação da glucose no sangue utilizando a glucose oxidase com um aceitador de oxigénio alternativo. Annal. Clin. Biochem, 6: 24.
52. Trinder, P., 1969b. Método turbidimétrico simples para a determinação do colesterol sérico. Ann. Clin. Biochem., 6: 165.

53. Trowell, H. e D. Burkitt, 1986. Physiological role of dietary fibre: a ten year review (Papel fisiológico da fibra alimentar: uma revisão de dez anos). J. Dent child, 53: 444-447.
54. Uladimir, O.M., 2003. Fator de risco coronário. J. Diabet. Assoc. India, 29: 3-8.
55. Van Horn, L.V., 1996. Metabolismo lipídico e escolhas para pessoas com diabetes. In: Powers MA, ed. Handbook of Diabetes Medical Nutrition Therapy. Gaithersburg, MD: Aspen Publishers Inc., pp: 336-359.
56. Vinik, A.I., 2002. Dietary fiber in management of diabetes. Diabet. Care, 6: 160-172.
57. Wahlefeld, A.W., 1974. Determinação de triglicéridos após hidrólise enzimática. In Hu. Bergmeyer ed., method of enzymatic analysis 2nd English ed. (Traduzido da 3ª ed. alemã). Verlag Chemie Weinhein e Academic press Inc. Nova Iorque e Londres, pp: 183.
58. Wilson, C.M., 1959. Determinação quantitativa de açúcares em cromatogramas de papel. Anal. Chem., 31: 1199-1201.
59. Younes, H., C. Coudray, J. Bellanger, C. Demigne, Y. Rayssiguier e C. Remesy, 2001. Effect of two fermentable carbohydrates (inulin and resistant starch) and their combination on calcium and magnesium balance in rats. Br. J. Nutr., 86: 479-485.
60. Zhang, M.Y., C.Y. Huang, X. Wang, J.R. Hong e S.S. Peng, 1990. Influências da farinha de konjac refinada nos níveis de lípidos dos tecidos e na absorção de quatro minerais em ratos. Biomed. Envir. Sci., 3: 306-310.

Printed by Books on Demand GmbH, Norderstedt / Germany